冶金工业出版社

普通高等教育“十四五”规划教材

热连轧全流程智能控制与优化仿真实践教程

主　编　李　擎　蔺凤琴
副主编　何安瑞　郭　金

北　京
冶　金　工　业　出　版　社
2025

内 容 提 要

本书按照自动化专业新工科建设和工程教育专业认证要求的培养目标编写，主要内容包括热连轧全流程智能控制与优化仿真平台设计、热连轧生产调度系统仿真、加热工序仿真、粗轧工序仿真、精轧工序仿真、卷取工序仿真等。

本书为高等院校自动化、电子信息工程、测控技术与仪器、智能科学与技术等专业本科生的教材，也可供相关专业的工程技术人员参考。

图书在版编目（CIP）数据

热连轧全流程智能控制与优化仿真实践教程 / 李擎，蔺凤琴主编. -- 北京 ：冶金工业出版社，2025. 4.
（普通高等教育“十四五”规划教材）. -- ISBN 978-7-5240-0204-8

Ⅰ. TG335. 1

中国国家版本馆 CIP 数据核字第 2025Y3A836 号

热连轧全流程智能控制与优化仿真实践教程

出版发行 冶金工业出版社 **电 话** (010)64027926
地 址 北京市东城区嵩祝院北巷 39 号 **邮 编** 100009
网 址 www. mip1953. com **电子信箱** service@ mip1953. com

责任编辑 戈 兰 郭雅欣 美术编辑 彭子赫 版式设计 郑小利
责任校对 梁江凤 责任印制 禹 蕊
北京印刷集团有限责任公司印刷
2025 年 4 月第 1 版，2025 年 4 月第 1 次印刷
787mm×1092mm 1/16；10 印张；241 千字；148 页
定价 39. 00 元

投稿电话 (010)64027932 投稿信箱 tougao@cnmip. com. cn
营销中心电话 (010)64044283
冶金工业出版社天猫旗舰店 yjgycbs. tmall. com
（本书如有印装质量问题，本社营销中心负责退换）

前　　言

钢铁工业全流程工序包括采矿、选矿、焦化、烧结、炼铁、炼钢、铸坯（连铸)、轧钢、精整以及热处理和涂渡处理等，在应用自动化、信息化和智能化技术方面，轧钢工序处于领先地位，热连轧又是其中国产化进度较快的工序。

热连轧产线控制精度的提高是冶金行业智能制造发展的重要方向之一，它通过引入人工智能技术来提升生产效率、优化产品质量并减少能源消耗。在热连轧过程中，板坯温度、形状和厚度，轧制速度、张力等都需要实时调节，先进的优化算法（如模糊控制、神经网络、自适应控制等）无疑为产线的智能化提供了有力的技术支撑。然而，实际产线很难为各种智能算法提供连续的测试时间，且在线调试会给实际生产带来风险，因此构建仿真平台是有效的途径。借助平台，学生能够理解复杂的生产流程和控制系统，而不必依赖实际生产环境，并且在校内进行工程设计、测试和模拟，缩短理论与实际应用的距离。这不仅提升了教学效果，还减少了实地培训的时间和资源投入。

本教材结合“新工科建设”“中国工程教育专业认证”“卓越工程师教育培养计划”等对人才培养的要求以及针对热连轧全流程智能控制与优化仿真平台建设的需求，在编写过程中注重以下特色和创新：

（1）冶金特色鲜明，流程覆盖全面。仿真平台能够完整模拟热连轧生产的各个环节，包括加热、粗轧、精轧、冷却、卷取等全过程。通过虚拟环境，学生和科研人员可以深入了解每一环节的工艺原理和控制要求，掌握全流程的协同控制。这种全景式的学习方式，帮助学生快速熟悉生产流程，缩短学习时间。

（2）知识结构完整，学科交叉明显。热连轧全流程智能控制与优化仿真平台涉及机械、材料、控制、计算机等多个学科领域。通过使用这一平台，学生可以掌握以上多个领域的知识，培养具有跨学科自主学习能力的复合型人才。这些人才不仅了解热连轧工艺，还具备数字化技术和智能制造的知识，能够应对未来制造业智能化转型的挑战。

(3) 章节设计连续，实践内容丰富。本书依据热连轧工艺的流程逐一展开，各章节间具有连续性。热连轧工艺复杂，涉及从加热开始，经粗轧、精轧、层流冷却至卷取结束的多个环节。仿真平台既有每一个环节的独立控制，又有环节间的优化协同。同时，仿真平台基于实际生产数据，学生可以测试不同的控制策略和优化算法，评估其对生产效率和产品质量的影响，进而优化工艺参数。例如，可以利用仿真技术验证张力控制、厚度控制和温度控制系统的动态响应，优化控制器的设置，提升系统的整体性能。

(4) 挖掘思政元素，践行三全育人。热连轧计算机控制系统是冶金行业国产化较快的系统，也是先进技术应用较为成功的领域。以作者团队所在学校老一辈教师在冶金领域的突出贡献为案例，发挥全员、全过程、全方位育人的作用，引导学生赓续冶金血脉、勇担时代使命，将自己的人生规划与国家、社会的发展紧密结合，使学生在学习过程中不断提升自身的团队合作和精益求精的工匠精神，最终成长为全面发展的新时代工程人才。

(5) 多元习题设计，强化能力培养。各章节的思考题既有传统的、基于章节知识的习题，又包含在深入理解知识基础上的开放式习题，引导学生充分利用各种在线资源，自主学习、独立思考，并结合多元化评价体系检验能力培养与价值塑造的成果。

本书共分 7 章，作者团队精心策划，立足实际，遵循深入浅出的原则，对内容进行了系统全面的设计与优化。各章具体安排如下：

第 1 章为绪论，围绕冶金工业热连轧全流程工艺展开，通过学习典型热连轧全流程中各个工序的生产工艺，了解热连轧产线的生产过程及各工序的作用及工序间协同的意义。

第 2 章为热连轧全流程智能控制与优化仿真平台设计，介绍了平台的设计需求、总体架构和功能模块，包括平台硬件及软件的组成和配置，其中对北京科技大学拥有自主知识产权的中间件进行了功能的整体描述。

第 3 章为热连轧生产调度系统仿真，由于计划的排程需要上下游工序统筹考虑，因此该章节延伸至炼钢-连铸工序。首先从系统总体架构的角度介绍了总体方案、功能范围和系统的业务流程，接着进行了数据管理和实时调度的设计以及库区和发货的设计，最后讲述了钢卷质量及轧辊管理的设计以及系统通信和安全相关的内容。

第 4 章为加热工序仿真，从加热炉分类、结构以及加热炉控制的研究现状介绍了加热炉的发展，包括加热炉的炉温闭环控制、炉压自动控制和空燃比寻优控制的基本控制功能（L1 级），以及板坯温度预报模型和炉温智能优化模型的系统优化功能（L2 级）。

第 5 章为粗轧工序仿真，介绍了热连轧产线中粗轧工艺的特点，粗轧的基本控制功能（L1 级），主要包括粗轧立辊/平辊间的微张力控制、立辊的宽度和短行程控制以及平辊的压下位置控制。在实现基本控制功能基础上，介绍了粗轧工序的主要数学模型（L2 级），包括平辊压下位置、粗轧各道次出口厚度及轧制速度等。

第 6 章为精轧工序仿真，介绍了精轧工序中的关键控制技术，包括机架间冷却水控制、液压 AGC 控制等；深入探讨了如何通过数学模型优化精轧过程，包括入口温度计算、轧制力、弹跳、压下位置等模型；重点讨论了如何优化板形控制，包括窜辊设定、弯辊力设定、工作辊和支撑辊的辊形计算等。

第 7 章为卷取工序仿真，主要包括层流冷却和卷取两个工序，介绍了各自设备及控制技术的发展现状，以及基本的控制功能（L1 级）和控制系统的优化（L2 级）。精准的层流冷却模型是带钢全长温度控制的关键，而卷取良好的卷形则是产品质量的重要衡量指标，它们是热连轧的最后两道工序，控制效果也是肉眼可见的，因此备受关注。

仿真平台利用数字孪生技术基于生产实际数据真实复现各工序生产场景，具有较强的代入感，使学生身临其境体验现场设备及系统运行状态。

本书作为国一流课程、北京高校优质本科课程、北京市课程思政示范课程“自动化生产线实训”的配套教材，其中的部分章节已录制成 mooc 并在智慧树平台上线，讲授人均为北京高校优质本科育人团队成员，具体网址为 https：//coursehome. zhihuishu. com/courseHome/1000098743#teachTeam，请有兴趣的读者自行观看。

本书得到了北京科技大学 2024 年度规划教材建设资金的资助，得到了北京科技大学教务处的全程支持。

本书由北京科技大学自动化学院李擎、蔺凤琴担任主编，何安瑞、郭金担任副主编，崔家瑞、杨旭、郭强、万春秋、肖成勇、丁大伟、刘皓挺参编。其中，第1、2章由李擎编写，第3章由郭金编写，第4章由蔺凤琴编写，第5章由丁大伟、刘皓挺编写，第6章由何安瑞、崔家瑞、杨旭编写，第7章由郭强、万春秋、肖成勇编写，李擎负责全书内容设计和统稿。在本书的编写过程中，作者课题组的多名研究生（博士生郭兴、郭斌、于骞翔、王义轩、王涛，硕士生刘雨坤、朱泓宇）参与了部分书稿的文字录入和图形绘制。内蒙古科技大学喻大华、任彦两位老师参与了内容校对工作，在此对他们表示衷心的感谢。

本书编写过程中参考了大量文献，在此对文献的作者致以真挚的谢意！

由于编者水平有限，书中难免存在疏漏之处，敬请广大读者批评指正。

作 者

2025年2月

目　　录

第1章 绪　　论

【导读】

近年来，国际产业格局一直面临重大调整，围绕抢夺制造业制高点的竞争愈演愈烈，世界各国结合自身产业发展优势，不断加强战略总体布局，推动理论方法创新。而这背后人才储备是关键，也需要长远规划。我国于2010年由教育部创办了“卓越工程师教育培养计划”，旨在培养造就一大批创新能力强、适应经济社会发展需要的高质量各类型工程技术人才，为国家走新型工业化发展道路、建设创新型国家和人才强国战略服务。随后，于2017年又提出了“卓越工程师教育培养计划”升级版“卓越工程师教育培养计划2.0”，即“新工科建设”[1]。总体思路是持续深化工程教育改革，加快培养适应和引领新一轮科技革命和产业变革的卓越工程科技人才[2]。

钢铁工业是国民经济的重要支撑，是衡量综合国力的重要标志。没有强大的钢铁工业就没有强大的下游制造业。因此，基于北京科技大学在钢铁工业的深厚积淀，使学生了解钢铁工业流程并通过仿真平台进行特定工序实践是实现新工科建设人才培养目标的有效途径，也践行了习近平总书记在北京科技大学70周年校庆给老教授回信中“培养更多具有为国奉献钢筋铁骨的高素质人才”的殷殷嘱托。热连轧工艺是钢铁工业中极具代表性的工艺流程，也是该领域控制系统国产化的先锋，因此本教材基于热连轧工艺，介绍其全流程智能控制与优化的仿真及实践。

本章分为四个小节，分别讲述了加热炉、粗轧、精轧和卷取的生产工艺。

【学习建议】

本章内容围绕冶金工业热连轧全流程工艺展开。学习者应在充分了解冶金工业热连轧发展历史的基础上，展开本章学习。通过学习典型热连轧全流程中各个工序的工艺，了解热连轧产线的生产过程及各工序的作用及工序间协同的意义。

【学习目标】

1. 了解冶金工业热连轧各工序的工艺及发展现状。

2. 掌握热连轧各工序的作用及在全流程中协同的意义。

3. 了解控制系统国产化的过程，厚植家国情怀。

热轧是在再结晶温度以上进行的金属轧制变形加工过程。热轧时金属塑性高，变形抗力低，大大减少了金属变形的能量消耗。热轧能改善金属的加工工艺性能，即将铸造状态的粗大晶粒破碎，显著裂纹愈合，减少或消除铸造缺陷，将铸态组织转变为变形组织，从而提高其加工性能。轧制成品的断面形状不同，生产工艺也有所差异，一般可以分为带钢生产、中厚板生产和长材生产等。

热连轧带钢生产一直是轧制行业中高新技术应用最为集中、最受关注的领域。现代热连轧带钢轧制技术发展，越来越向低能耗、高品质方向发展。在常规带钢热连轧工艺中，铸坯加热的入炉方式有多种方式：冷坯装炉加热、热坯装炉和高温铸坯直接装炉，对应的坯料组织状态可能是重新奥氏体化组织，或部分重新奥氏体化+部分铸态奥氏体组织，或者是铸态的奥氏体组织。如果在生产线设置感应加热装置，对板坯边角进行加热，也可以直接轧制。不同的装炉坯料状态或轧制状态，直接影响最终热轧带钢的组织性能控制效果，尤其是微合金化钢、Al 镇静钢等。

在轧制过程中，为了减少带钢轧制过程的头尾温差，轧制中间需要采用保温或热卷箱；为了在精轧机实现控温轧制，有时需要在粗轧机和精轧机之间空冷降温或强制降温。

精轧机组连轧时，可根据组织性能控制需要调整道次变形，控制道次轧制温度和终轧温度。温度控制除轧机冷却水冷却、空冷和辐射外，还依靠机架间冷却。

轧制的控制冷却是在轧制组织控制基础上的相变控制手段，与卷取冷却配合实现热轧带钢的相变控制。当然，相变控制也可以在精轧机前进行，即在精轧实现“铁素体区轧制”。

1.1 热连轧全流程工艺简介

在带钢热连轧生产过程中，其工序可分为：加热、粗轧、精轧、卷取四大区域。工艺流程为：首先将板坯从原料库运出（吊出）或来自上游连铸的热送板坯，将其送至加热炉炉前上料辊道，对其进行规格测量和炉前校核；校核合格的板坯通过辊道、装钢机送入加热炉中进行加热；板坯在加热炉中充分加热，使其加热温度、断面温差满足工艺要求后，从出炉辊道送出；对出炉的板坯进行高压水除鳞，除鳞后送入粗轧机组，经过 5~7 道次的粗轧，将板坯轧制为厚度 25~40 mm 的中间坯，送入精轧机组进行进一步轧制；精轧后的带钢经过层流冷却将其冷却至 100~790 ℃，经由卷取机成卷并将成品钢卷送入成品库。常规带钢热连轧的工艺流程如图 1-1 所示，其设备的基本配置如图 1-2 所示[3]。

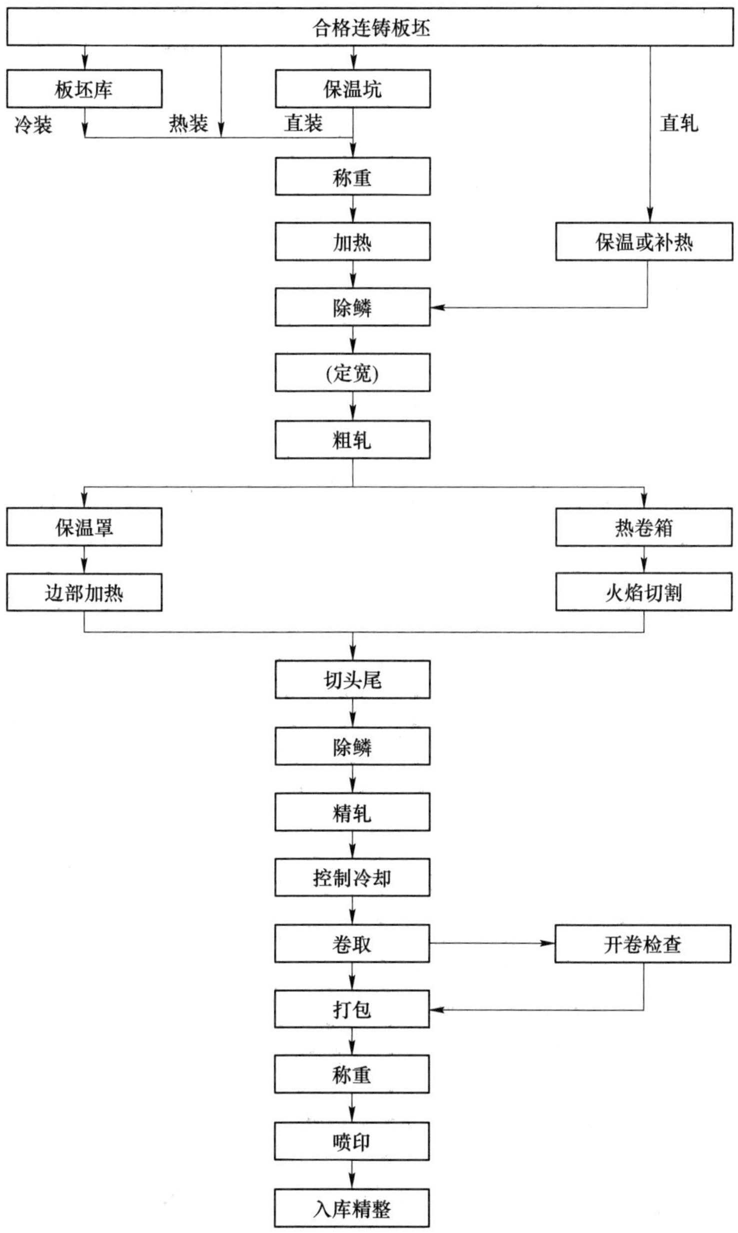

图 1-1 常规带钢热连轧生产线工艺流程

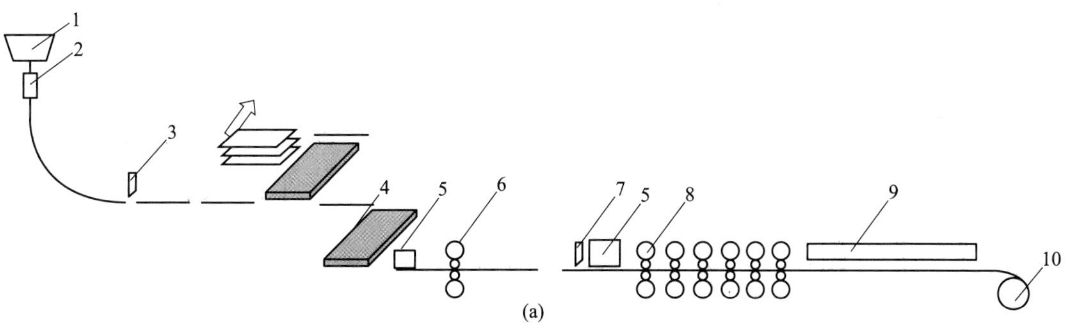

(a)

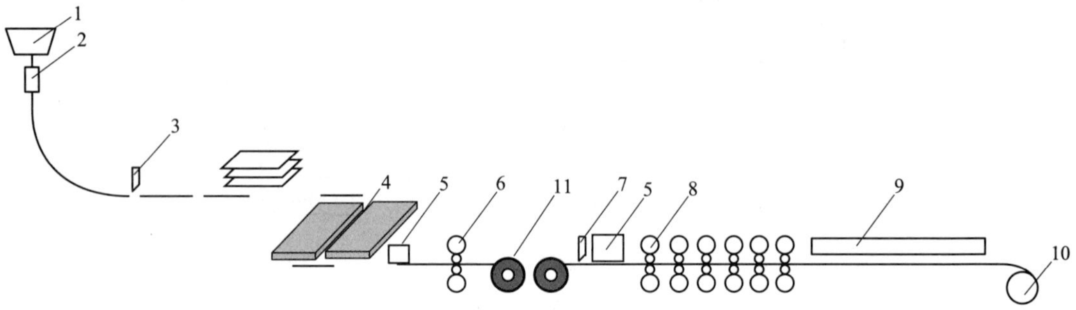

(b)

图 1-2 常规带钢热连轧生产线设备配置示意图

（a）无热卷箱热连轧；（b）有热卷箱热连轧

1—钢包；2—结晶器；3—铸坯切割；4—加热炉；5—高压水除鳞；6—粗轧机；7—切头剪；8—精轧机组；9—轧后控冷；10—卷取机；11—热卷箱

热连轧过程控制计算机系统国产化——事虽难做则必成

1978 年 12 月投入生产运行的武汉钢铁（集团）公司 1700 mm 热连轧机计算机控制系统，是我国改革开放以来引进的第一套热轧过程控制计算机系统。从那时算起，40 多年来，我国有近百套热连轧机过程控制计算机系统及其数学模型投入运行。这些项目的设计、开发及投入运行情况大致为以下 6 种模式：

（1）全面引进，即国外公司总承包、技术总负责，计算机硬件、软件和数学模型全部从国外引进；

（2）外方总承包，中方分包；

（3）Level 1 引进，Level 2 计算机由国内设计和开发；

（4）数学模型和部分关键软件引进，计算机应用软件由中方、外方合作设计和开发；

（5）硬件引进，软件由国内自主设计和开发；

（6）硬件自主集成，软件国内自主设计和开发。

通过从国外引进、国内自主集成与开发这两种主要途径，我国钢铁行业已经配备了世界上最先进的轧钢过程控制计算机系统及数学模型。

1.2 加热炉生产工艺

热连轧产线中，通常采用连续步进式加热炉。连续步进式加热炉适用于坯料断面较大的加热过程，它利用水冷管组成步进梁，并实现对板坯的上下面加热。其优点如下[4-5]：

（1）步进式加热炉可加热的钢坯不受尺寸大小的限制和截面形状的限制。

（2）步进式加热炉的运动灵活多变，可适应不同的加热制度。

（3）由于板坯之间留有间隙，在炉内可全面受热，板坯加热温度均匀。

（4）加热速度快，板坯在炉内停留时间短，不粘钢、脱碳少。

步进式加热炉板坯的整体布置图如1-3所示，坯料在炉底的移动靠可动的活动梁做矩形轨迹的往复运动，把放置在固定梁上的坯料一步一步由进料端送到出料端。

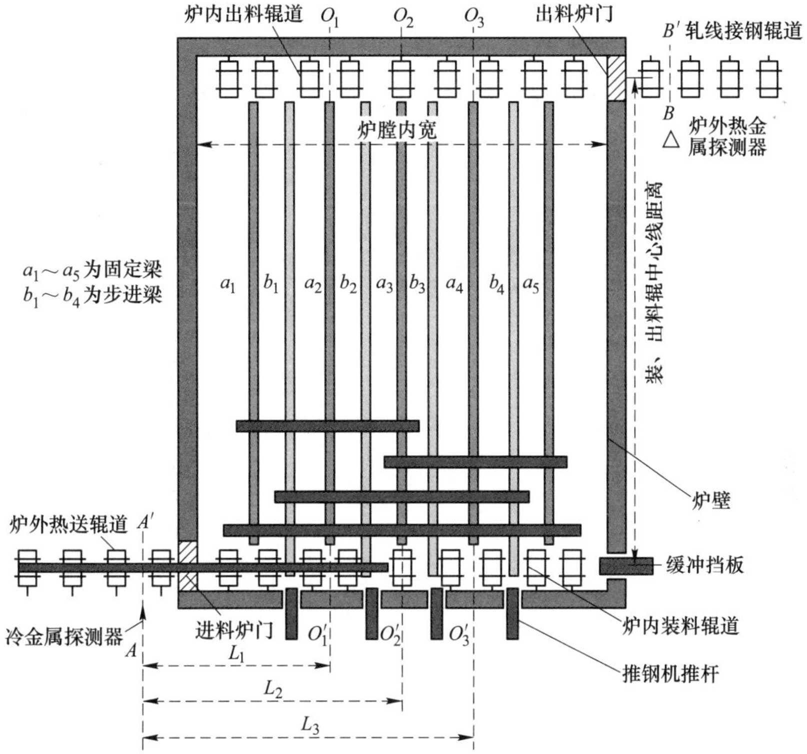

图1-3 步进式加热炉板坯整体布置图

在实际加热过程中，步进梁载有板坯，通过与固定梁的配合，实现板坯在炉内的移动。入炉之前，根据实际轧制计划将板坯从板坯库送至加热炉的上料辊道，依次对其进行称重、测长、测温后，送入区域管理计算机指定的炉门装料口，并按照炉内布料图进行定位。当炉内空间充足时，打开装料炉门，装钢机前移，并在金属检测器处对板坯进行测宽，完成测量后，在加热炉准备要钢时，装钢机的装钢臂伸到板坯底部的辊道之间将其托起、前进、下降后放入炉内固定梁上，装钢机下降脱离板坯。保持板坯与前一块板坯的距离，将板坯装入炉内后，装料炉门关闭[6]。装钢机退回，进行下一次的装钢操作。板坯入炉后，步进梁动作，将板坯以一定的步进周期依次送至加热炉的不同加热段，对板坯进行充分均匀的加热。步进梁的运动轨迹是一个矩形运动轨迹，由不同速度的水平运动和升降运动，在开始和结束时以较缓慢速度进行，减少对板坯的冲击影响。板坯在加热炉内达到轧制要求的目标温度后，将其运送至出炉口，经过出料端的激光检测和炉内坯料跟踪系统计算，将板坯在炉内准确位置信号送至出钢机。炉门半开后，出钢机动作，从低位运行至炉内，等待炉门全开后，由出钢机将板坯托起出炉并放入出料辊道中心线，完成对板坯的加热过程。之后加热过的板坯由出炉辊道送至粗轧部分，完成后续工艺[5]。

加热炉沿炉长度方向可按温度区域的不同分为预热段、加热段和均热段，多段式加热炉，加热段还可分为加热 1 段和加热 2 段等，如图 1-4 所示。预热段可以充分利用烟气余热使板坯缓慢升温，达到预热和节能的目的；加热段是板坯主要强化受热区，温度在 1250 ℃左右，是高温区快速加热升温，并且板坯在此区间停留的时间不宜过长，否则容易脱碳严重；均热段主要目的是使整块板坯温度分布均匀一致，其温度范围在 1250~1300 ℃。燃烧器分布在加热段和均热段，向加热炉内输送燃气和助燃空气（包括预热空气），烟道布置在预热段。

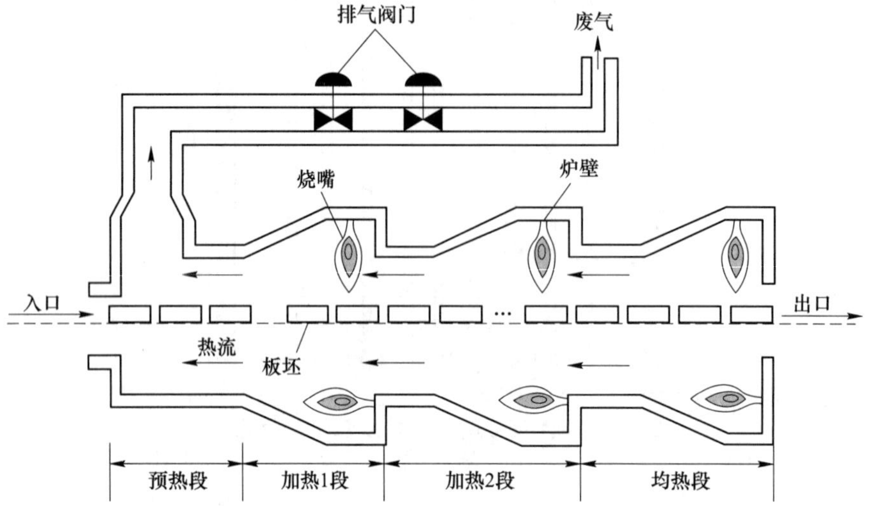

图 1-4 加热炉工作原理示意图

对于加热炉来说，在保证质量的前提下，板坯加热速度越快越好，这样可以提高加热炉的生产率。加热时板坯出炉温度应符合工艺要求，断面温度分布均匀，金属烧损率低，在炉时间不可以过长，防止出现过烧和表层的脱碳。加热炉的燃气流量、空燃比、炉温、排烟温度、炉压等参数会直接影响加热的质量和速度，在进行加热炉工艺控制时需综合考虑各类工艺参数的影响。

1.3 粗轧生产工艺

粗轧区一般由除鳞装置、粗轧机组和中间辊道等组成。粗轧的主要任务是为精轧开坯，即把厚度为 250~360 mm 的板坯轧制成厚度为 25~45 mm 的带坯。由于板坯在加热炉内经高温加热表面产生一层氧化铁皮（鳞皮），如带着鳞皮进行轧制，会将鳞皮压入轧件中，使带钢表面出现斑疤或麻点，因此板坯在轧制之前，必须经过除鳞装置清除表面的氧化铁皮，以获得优质的成品带钢。

除鳞装置有二辊水平式 HSB（Horizontal Scale Breaker）和立式 VSB（Vertical Scale Breaker）两种形式。现代带钢热连轧机上大都采用立式除鳞装置，它不仅起到除鳞的作用，还可以对板坯的宽度进行控制和调节，使同一批次生产出多种宽度的产品。

随着轧制技术和设备的不断进步，粗轧机组在工艺布局上也发生了变化。

图 1-5（a）为全连续式粗轧机布置，在粗轧区设置 5~6 台粗轧机进行连续轧制，由于粗轧道次限制为 5~6 道、设备重量过大、生产线过长，目前已基本不再应用。图 1-5（b）为 3/4 连轧布置，R1 轧制一道，R2 可轧制 3~7 道，R3、R4 为连轧机组，这一布置的优点是增加了轧制的灵活性，并且缩短了轧线长度，但仍然存在设备重量较大的缺点。图 1-5（c）为半连轧布置，R1 和 R2 都是可逆轧机，分别可轧制 3~5 道，半连轧布置可以在粗轧区出口设置热板卷箱，也可以由中间辊道直接将中间坯送到精轧区。图 1-5（d）则为单架可逆轧机，这是目前各轧钢厂经常使用的轧制形式，用一架强力粗轧机进行 3~7 道的可逆轧制就能完成板坯的轧制。强力粗轧机指的是：轧制力能够达到 35000 kN 以上；主电机功率能够达到 10000~12000 kW。对精轧机系统来说，精轧入口温度是一个非常重要的参数，如果精轧入口温度能够达到 1010~1040 ℃，则 F1~F3 能加大压下，从而轧出 1.5~1.8 mm 的产品，因此希望粗轧出口温度能达到 1100 ℃甚至更高。为了减少带坯温降在粗精轧间设置了保温罩或热板卷箱，这种方法将使带坯全长温度均匀，并且进一步消除水印。使用热板卷箱可以缩短中间辊道长度，减小精轧主电机功率[7]。

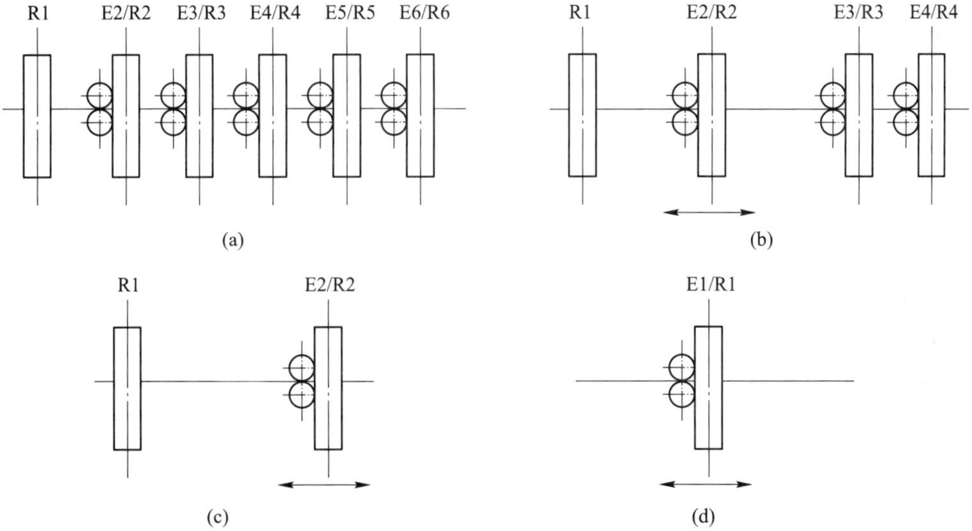

图 1-5 粗轧机组布置变化

（a）全连续式粗轧机；（b）3/4 连轧；（c）半连轧；（d）单架可逆连轧

为了节能，近年来在热轧机上采用热送、热装，即炼钢—连铸—热连轧机直接连起来的新工艺流程。将老式轧机上的不可逆式大立辊（VSB）轧机改为可逆大测压带孔型的轧机，其传动由交流改为直流传动。

粗轧阶段的板坯厚度大、温度高。为充分利用金属高温塑性的特点，采用大压下量进行轧制，一般轧件在粗轧机组上的压下量约占总压下量的 70%~80%。这样既充分发挥了粗轧机组的能力，又减轻了精轧机组的负荷负担，但占总压下量的比例又不能太大，因为这样会使粗轧机组轧出的带坯厚度太薄，温降太快，难以保证目标终轧温度。

粗轧机组带坯的出口速度一般为 2~5 m/s，最大可达 5.5 m/s。粗轧机组主传动电机除可逆轧机和双机连轧机的前一个机架为直流传动外，一般采用交流同步电机传动。粗轧机组的单机容量已达 12000 kW。

连接粗轧机组与精轧机组的中间辊道的长度由带坯长度和操作制度所决定。其辊子的传动采用直流电动机进行单独或分段控制。在中间辊道的侧面，大都设有废品推出机和废品固定台架，处理轧废带坯，并且切割设备（如氧气枪）将其切割成便于运输的长度，装入汽车运走[8]。

1.4 精轧生产工艺

精轧机组是带钢热连轧机的中心，也是整个车间自动化的重点。精轧的任务是将粗轧机组轧出的中间坯，轧制成表面光洁、厚度均匀、性能良好的成品带钢。精轧区域设备包括剪切机 CS（Crop Shear）、精轧机组、精轧机架间的活套装置（当采用带套恒定微张力轧制时）、输出辊道冷却装置以及精轧区轧线检测仪表等，精轧机组布置如图 1-6 所示。

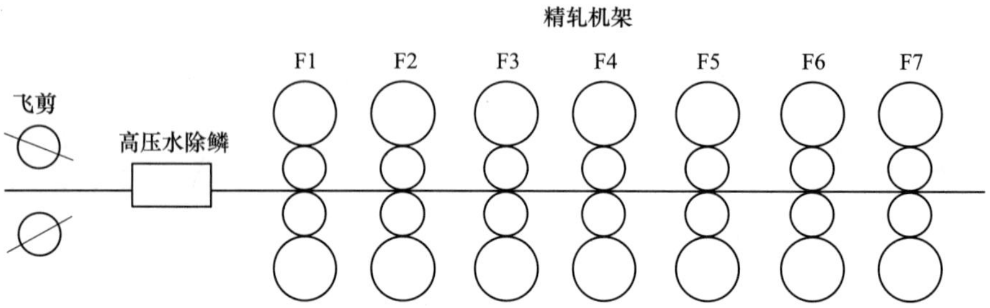

图 1-6 精轧机组布置图

精轧机架数量根据产线不同有差异，6~8 机架不等，目前国内带钢热连轧产线普遍为 7 机架。精轧机组数目的增加，既可使粗轧机组带坯的出口厚度增加，减少板坯降温，有利于低温出炉轧制新工艺的实现，又可减轻精轧机组各机架的轧制负荷，有利于轧制速度和成品质量的提高。

为减小轧件咬入轧辊时产生的冲击负荷，一般将带坯的头部切成圆弧形或 V 形（又称三角形），而不是切成直线形。精轧前的高压水除鳞是除掉带坯从粗轧机组向精轧机组运输辊道上形成的二次氧化铁皮。

精轧机组是带钢热连轧产线的核心设备，是决定产品质量的主要工序，带钢的力学性能主要取决于精轧机终轧温度和卷取温度。精轧机组要求具有功率大、速度高、动作灵敏的压下传动机构，以便及时纠正带钢在轧制过程中因种种原因所造成的厚度偏差，提高产品质量。为了满足快速性能的要求，压下装置采用低惯性的直流电动机传动，而且其容量要留有足够的富裕量，以满足压下时高加速度的要求。压下装置不仅是轧制过程中厚度自动控制的执行机构（带负荷进行辊缝调整），而且在轧钢前还承担着按设定值摆好初始辊缝的任务。

为保证连轧关系，使轧制能正常进行，精轧机组各机架之间设有活套装置（气动、电动或液压），但目前趋势是采用无活套微张力自动控制来取代常规的机械活套装置。

换辊是保证带钢表面质量的重要措施，在正常情况下，工作辊约 4 h 更换一次，支撑辊 7~14 天更换一次，现代热连轧精轧机组上配置转盘式或横移式快速换辊装置，只需 5~7 min 就可以更换一对工作辊，大大缩短了换辊时间，提高了轧机的作业率，而原来采用套筒式的换辊方式，更换一次工作辊需 30 多分钟时间。

为了调整板形和横向厚差以及延长轧辊的寿命，现代热连轧产线精轧机架上设置液压弯辊装置，即在工作辊的两端施加作用力，使工作辊弯曲（液压缸可装在工作辊轴承座内，也可装在支撑辊的轴承座内）[9]。弯辊装置有正负弯辊的功能，正弯辊装置的作用是：减小轧辊的凸度，使轧件在中部有较大的压下量；负弯辊装置的作用是：增加轧辊的凸度，使轧件在中部有较小的压下量。这种用弯辊装置补偿校正轧辊辊型的偏差以控制带钢的板形，其效果是有限的，特别当带坯的尺寸和材质变化很大时，控制更为困难。近年来，研制出一种新的可变凸度（Variable Crown）轧辊系统，作为带钢板形和断面控制装置。

热连轧带钢厚度精度一直是提高产品质量的主要目标，正因如此，厚度设定模型及自动厚度控制 AGC（Automatic Gage Control）曾是热轧带钢自动化首先实现的功能。当带钢咬入精轧机组各机架时，控制系统计算出各机架轧件的出口厚度作为基准值，程序动态调节辊缝，以便消除或减少带钢纵向厚度偏差，得到符合厚度公差要求并且厚度均匀的产品。

此外，带钢温度也是直接影响轧制产品尺寸精度和力学性能的重要因素之一。一方面，带钢温度会影响金属的变形抗力，从而影响带钢的力能参数；另一方面带钢温度会影响金属的微观组织变化，会发生相变，从而影响产品的性能。精轧终轧温度控制是精轧区域自动控制的重要功能之一，终轧温度是指带钢在精轧机组出口处的温度。从带钢到达精轧机组出口处的温度计时起，到加速到最高轧制速度前或带钢尾部离开首机架为止，依据周期上传带钢的出口温度实测值，改变精轧机组各机架的第一加速度或第二加速度，使终轧温度接近目标值。

1.5 卷取生产工艺

卷取区主要包括输出辊道（G 辊道）、输出辊道上的带钢冷却装置、卷取机等。带钢从精轧机架轧出后，进入卷取机前，在输出辊道上，通过冷却装置进行轧后冷却，以保证其金相组织和力学性能达到要求。不同品种规格的热轧带钢终轧温度一般为 800~900 ℃，为了使带钢获得良好的组织性能，带钢的卷取温度一般控制在 550~700 ℃。

冷却方式一般有三种：第一种是靠空气对流进行冷却；第二种是直接用高压喷水冷却；第三种是根据虹吸原理，采用具有高效率的层流冷却系统进行冷却。老式轧机大都采用高压喷水冷却系统，这种冷却方式不仅带钢冷却不均匀，影响成品带钢的力学性能，而且伴有喷嘴易堵塞、操作复杂、生产维修费用高等一系列的缺点。现代带钢热连轧机的输出辊道上广泛采用具有高效率的层流冷却系统，即在冷却辊道上下布置两排喷水架，每个喷水架又配有几组阀门控制喷水管，以均衡的压力和流量分层喷向带钢，如图 1-7 所示。

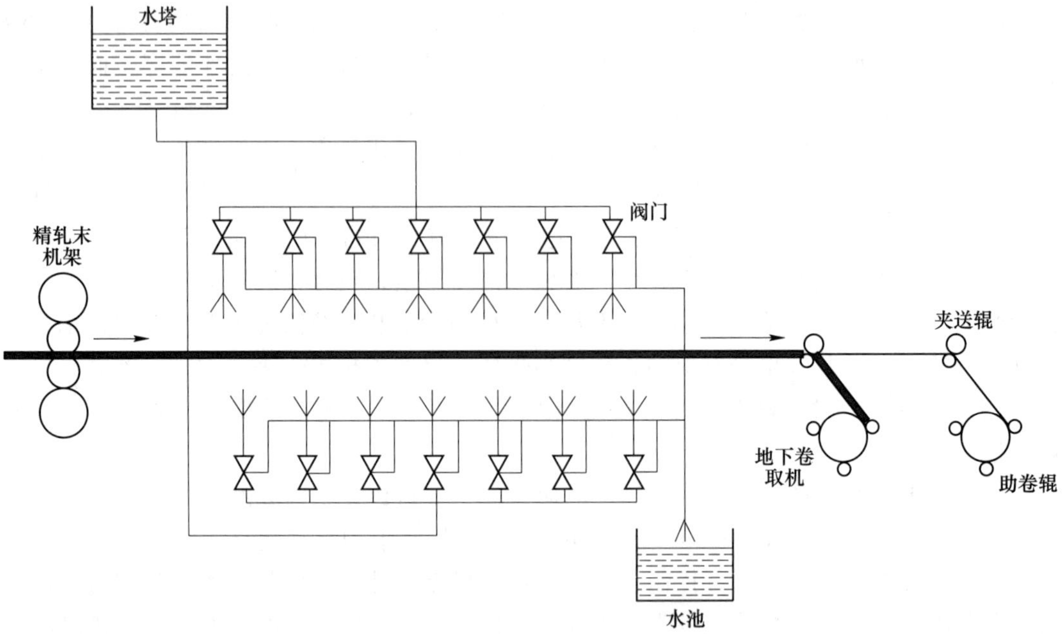

图 1-7 层流冷却示意图

合理控制卷取温度与合理控制轧制后冷却过程紧密相连，而且实际生产过程中带钢速度、加速度、厚度等由轧制过程决定和控制，冷却水量往往随之确定，所以要达到控制卷取温度的目的，只有通过改变冷却区长度（即改变阀门开启数）来实现[10]。

带钢的卷取就是将由精轧机组轧出的成品带钢卷成带卷。卷取机的结构形式、卷取工艺制度以及工艺过程进行得好坏，对成品带钢的质量影响很大，因此卷取机是保证带钢热连轧机生产正常进行的一个重要环节。热连轧产线通常配置 2~3 台卷取机，依次轮流工作，但实际上，在带钢进入卷取机前所有可以投入工作的卷取机都同时作好卷取准备，若发现即将投入工作的卷取机还未具备条件，则立即切换至另一台，以保证生产正常进行。

卷取机分地上和地下两种形式。地上卷取机一般用于卷取宽度为 800 mm 以下的带钢，目前热连轧产线大多使用地下卷取机。卷取机位于输出辊道的末端，卷取机与精轧末机架间的距离为 120~180 m。卷取机按助卷辊的数量不同分为：二辊式、三辊式和四辊式三种。二辊式卷取机在卷取 20 mm 以上厚度带钢时，由于助卷辊之间的距离较大，带钢容易在助卷导板区域形成小活套，带钢卷不紧。三辊式卷取机很好的解决了这一问题，由于三个助卷辊，彼此之间的距离较小，助卷辊可以与卷筒靠得较近，卷取质量很好。四辊式卷取机与三辊式基本相同，但结构相对复杂。因此，国内外广泛采用三辊式卷取机。图 1-8 为某现代带钢热连轧机的卷取机结构原理图。它主要由进口侧导板、夹送辊、助卷辊、助卷导板、卷筒等所组成。进口侧导板位于夹送辊之前，其任务主要是防止带钢摆动，保证带钢对中，以提高卷取质量。夹送辊由上、下夹送辊、挡门、溜

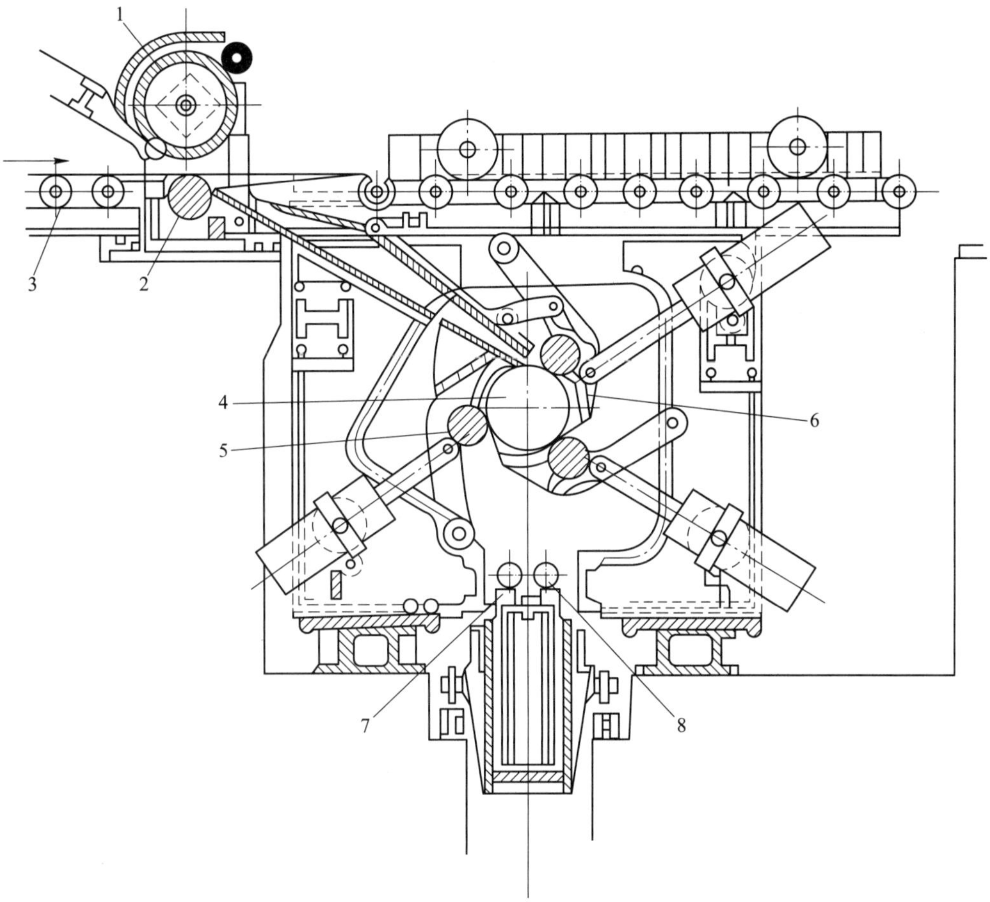

图 1-8　卷取机示意图

1—上夹送辊；2—下夹送辊；3—输出辊道；4—卷筒；5—助卷辊；6—助卷导板；7—带卷小车；8—收尾辊

板、风动开启装置、辊统调节装置组成，其作用主要是使带钢向下弯，便于卷取机卷取带钢。待带钢在卷筒上卷取 3～4 卷后，风动开启装置将上夹送辊打开；在带钢尾部离开精轧机组最末机架后，风动开启装置使上夹送辊将带钢夹紧，让带钢产生一定的张力；在带钢卷取完成后，风动开启装置将上夹送辊打开，以便下一块钢带通过，进入下一台卷取机中进行卷取。助卷辊和助卷导板的作用是促使带钢在卷筒上形成带卷。三个助卷辊顺着卷取方向由密到疏进行配置，即 1 号与 2 号助卷辊相距较近，而 2 号与 3 号助卷辐相距较远。这种布置较沿卷筒圆周均匀配置更为合理，因为在带钢的卷取过程中，开始卷取较为困难，随后逐渐较容易，因此带钢弯曲成卷主要是由 1 号助卷辊和 2 号助卷辊完成，而 3 号助卷辊只起导向和克服弹性变形的作用。

本 章 小 结

本章按照常规热连轧产线主要工序的先后，分别介绍了加热、粗轧、精轧和卷取四个区域，以及各区域的工艺流程、设备布局和主要功能等。

思 考 题

1-1 热轧生产的主要作用是什么，根据生产工艺差异，可分为哪几种，热连轧生产的主要特点和优势是什么？

1-2 请从加热工序开始，至卷取工序结束，描述板坯在热连轧产线经四个工序的生产过程。

1-3 带钢热连轧计算机控制系统是冶金领域控制系统国产化的先锋，请结合国内外带钢热连轧计算机控制系统的发展及现状，简述其国产化的过程、意义及带给你的启示。

第 2 章　热连轧全流程智能控制与优化仿真平台设计

【导读】

热连轧是钢铁工业流程中控制系统国产化较早、关键技术发展较为迅速的工艺，随着各个工序控制精度的提高及产品质量溯源的需求日益迫切，从全流程的角度出发，提高热连轧控制系统的精度是当今企业的刚需。随着智能感知仪表及检测设备的发展，基于高精度实测数据的控制及优化模型成为传统机理模型的强大支撑，使得控制系统突破了某些技术瓶颈，产品质量得到进一步提升。先进技术、算法应用于实际生产须经过大量的现场测试，但产线不允许进行长期大规模的实际生产测试，尤其近几年控制系统智能化升级改造需求增加，企业更希望通过“影子”模式完成新系统的调试，即新系统与在线系统并行，共用一套实测生产数据，但控制及优化模型分开执行。对产线进行仿真无疑是有效的途径，相对于数字孪生，仿真平台投资小且易于实现，也无需实现与设备层的闭环控制。平台只需要完成热连轧全流程智能控制与优化模型的仿真，并基于实际生产数据，结合流行的算法和软件，不断迭代以优化模型的参数，将最优参数应运用于实际场景，这样大大缩短了调试时间，也降低了现场调试的风险。热连轧全流程智能控制与优化仿真平台的构建，也是人才培养的需求，使学生将理论知识具象化，同时成为科研人员进行新技术孵化的窗口，不断引领热连轧全流程领域的技术创新。

本章分为三个小节，首先从平台的设计需求、总体架构和功能模块组成三个角度介绍了仿真平台的总体设计，接下来分别介绍了平台硬件及软件的组成和配置，其中对北京科技大学拥有自主知识产权的中间件进行了功能的整体描述。

【学习建议】

本章内容主要介绍热连轧全流程智能控制与优化仿真平台的设计。学习者应在充分了解热连轧全流程工艺的组成及各工序的主要功能基础上，展开本章学习。通过学习平台构建时的需求分析、架构设计及软硬件配置，了解仿真平台设计的步骤、组成，以及全流程各工序如何更贴合实际场景。

【学习目标】

1. 了解仿真平台设计的需求、架构及功能组成。
2. 掌握仿真平台构建过程中软硬件的需求及配置。
3. 掌握 PCDP 中间件的功能，树立关键技术国产化的信心。

钢铁工业是典型的流程工业，从矿石到最终成品需经过烧结、炼铁、炼钢、热轧、冷轧、精整等多工序，每个工序又包含很多工艺环节，不同工序之间如何衔接、工序如何布置，不仅会影响到产品的质量、生产效率，还会对生产组织、能源消耗等产生较大的影响。

针对企业的实际条件，选择确定合适的流程布置是很重要的。另外，流程本身的优化设计，包括物流的优化、控制模型的优化等，对于能流效率、生产周期、生产成本、设备的正常运转、产品的质量等均非常重要。钢铁生产是个非常复杂的过程，对其进行物理模拟耗资巨大，如建设一个中型钢铁厂，投资需 200 亿元以上，建设一个中试基地，投资也需几亿元甚至十几亿元，且这些模拟的试验周期长、成本高。采用计算机技术、网络技术及数学模型等进行软件仿真是条可行之路。

另外，钢铁行业是高能耗、高污染的行业，节能减排不仅可给企业本身带来效益，也符合国家的发展方针和政策。在整个钢铁生产流程中，尤其以热连轧工艺各工序衔接紧密，建立热连轧全流程智能控制与优化仿真平台，这样，可以在计算机上实现热连轧各工序的软件模拟，优化流程设计，使工序间物流、能流更加合理，减少生产线投产后由于流程设计不合理而导致的生产问题及能耗问题。同时，利用平台，可以开展以下工作：

（1）数学模型和控制策略的开发及优化，以改善产品质量。

（2）依据高精度的数学模型，进行新品种的开发，尤其是高附加值品种的开发。以仿真软件的方式实现新品种工艺的开发可以大大降低生产试验、中试等成本，并具有很好的灵活性。

（3）可视化的全流程仿真系统也可用作学生、操作人员、技术人员的培训平台。

2.1　平台总体设计

仿真平台采用三级计算机分布控制模式，如图 2-1 所示。其中生产管理 L3 级（Level 3）系统主要完成炼钢—连铸—轧制一体化排程、生产调度、生产监督、库存管理等工作；过程控制 L2 级（Level 2）系统主要完成过程控制（模型计算）、过程日志、报表、过程监视、优化控制等工作；基础自动化级（Level 1）系统主要完成顺序控制、逻辑控制、设备控制、数据采集等工作。

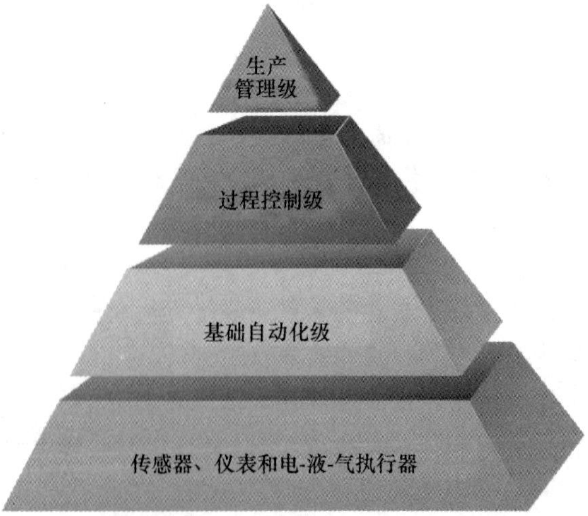

图 2-1　分级计算机分布控制

2.1.1 需求分析

构建热连轧全流程智能控制与优化仿真平台，用于工艺流程的优化设计、数学模型及控制策略的优化和开发、新品种的开发和人员培训等。平台设计基于实际生产场景的真实案例，以实际生产数据为驱动，真实复现生产过程，通过仿真优化控制策略及模型参数以提高控制精度，并将优化后的参数反馈至实际产线，以此形成闭环，进一步提升产线实施和调试的效率。仿真平台主要完成以下功能：

（1）炼钢—连铸—轧制一体化排程。从销售到生产、发货的全过程管理，负责对炼钢、连铸与热轧全线的生产组织进行协调与控制。整个系统采用 B/S 架构，基于业务建模平台进行开发，以增强系统的可维护性和安全性、简化部署操作。炼钢、连铸、轧制采用一体化排程后，对于常规热连轧生产线，可实现 75%的热装率，加热炉热装温度达到 650 ℃。

（2）轧制高精度模型精准控制。建立从加热、粗轧、精轧和卷取的高精度数学模型，以实现各控制参数的实时设定、在线自学习，在仿真过程中不断迭代优化数学模型系数，达到最佳控制效果。

（3）可评价指标高精度仿真。仿真平台的可评价指标（如轧制力、卷取温度）的仿真精度可达 95%以上，仿真精度的计算采用设定值与实际值的偏差进行评估。

（4）产品质量评价。采用仿真平台开发的轧制模型后，产品质量可达国际先进水平，主要体现在以下几个方面：

1）厚度指标见表 2-1。

表 2-1　厚度指标

目标厚度/mm	正常卷的 98%的厚度保证/μm
≥1.2 为 2.0	40
≥2.0 为 4.0	45
≥4.0 为 6.0	60
≥6.0 为 10.0	70
≥10.0	85

2）凸度指标见表 2-2。

表 2-2　凸度指标

目标厚度/mm	95.4%的凸度保证/μm
≥1.2 为 2.0	22
≥2.0 为 6.0	24
≥6.0	±0.4×厚度，最大 50

3）平坦度指标见表 2-3。

表 2-3　平坦度指标

目标厚度/mm	目标宽度/mm	95.4%的平坦度保证（IU）
≥1.2 为 2.0	<1200	32
	≥1200	38
≥2.0 为 5.0	<1200	30
	≥1200	34
≥5.0	<1200	26
	≥1200	30

4）宽度指标：95%的带钢宽度偏差在 0～+10 mm 内。

5）终轧温度指标：95.4%的带钢终轧温度偏差在±15 ℃内。

6）卷取温度指标：95.4%的带钢卷取温度偏差在±20 ℃内。

2.1.2　总体架构

计算机技术应用于冶金行业热连轧领域已比较成熟，各产线可以利用计算机技术实现对热连轧生产各环节、工序的控制与管理，提高产线的生产效率和产品质量。仿真平台的设计沿用了典型的三级分布式控制。

顶层是生产管理级，生产计划的编排从轧制的上游工序炼钢、连铸开始，这样才能实现全流程的排产，真正实现基于产销的一体化排程。实现对产品生产、销售、物流等流程的管理，辅助完成订单生产任务。该层是生产层与管理层之间的连接，在客户签订订单后，系统便会辅助完成库存管理，并制定生产计划，经过坯料设计、成品替代后，可生成更加详细、全面的工序级作业计划，再通过过程控制系统对各工序的生产情况进行调度、监控，最终完成冶金产品出厂。最重要的是，该系统会按照合同优化制定生产排程，使产线的生产计划更为高效。

过程控制级位于中间层，这是自动控制领域的重要分支，内部含有大量领域内专家的知识与经验，在冶金工业生产中，可以利用专家控制系统解决很多现有技术人员无法处理的难题。如在热连轧加热过程中，专家控制系统具有重要作用，该系统由专家控制器、控制对象、检测机构组成，与计算机、人工智能技术结合，可完成信息数据采集，特征信息的处理、推断，知识库知识的调用与补充，最终可模拟领域内专家的知识与推理判断，辅助完成决策过程。根据系统运行实际，产线可对加热工艺参数不断进行调节、优化，最终使其稳定在某一范围内，实现高精度、高速度的生产。

第三层是基础自动化级，通过有极强数字运算能力的可编程控制器，改变控制策略，对生产中诸多工艺和设备运行参数的定时、顺序及数量、温度等进行集中控制，辅助产线实现数字化生产。其基本结构由继电器、接触器、定时器等组成，只需通过计算机完成信号输入、输出处理，便可控制操作应用系统实现正常运行，实现继电保护、变频决策控制、网络通信及系统故障预警等功能。

最底层是现场设备仪表检测层，基于现场总线控制系统 FCS（Fieldbus Control System），这是工业生产自动化中重要的控制技术，结合了计算机网络技术、控制技术和仪表工业技术，能够实现工业生产中现场网络通信与设备的互联，为技术人员控制现场生产提供技术支持。在实际产线中，常利用该技术对各类仪表进行智能管控，构建自上而下的全分布式系统架构，其组态也十分简单，只需少量隔离器、端子柜等装置便可完成控制工作，信号精确度也很高。如高炉炼铁系统中，可利用现场总线控制系统将生产所需的高炉系统、喷煤系统、热风系统等子系统分为五部分现场总线进行控制，每个部分相互独立又紧密连接，各部门只需利用 PLC 对各自的总线系统加以处理即可，这样可大大提升产线生产效率。

该平台的仿真仅包括上面三层，现场设备检测仪表则通过各工序实际的生产数据替代，总体架构如图 2-2 所示。

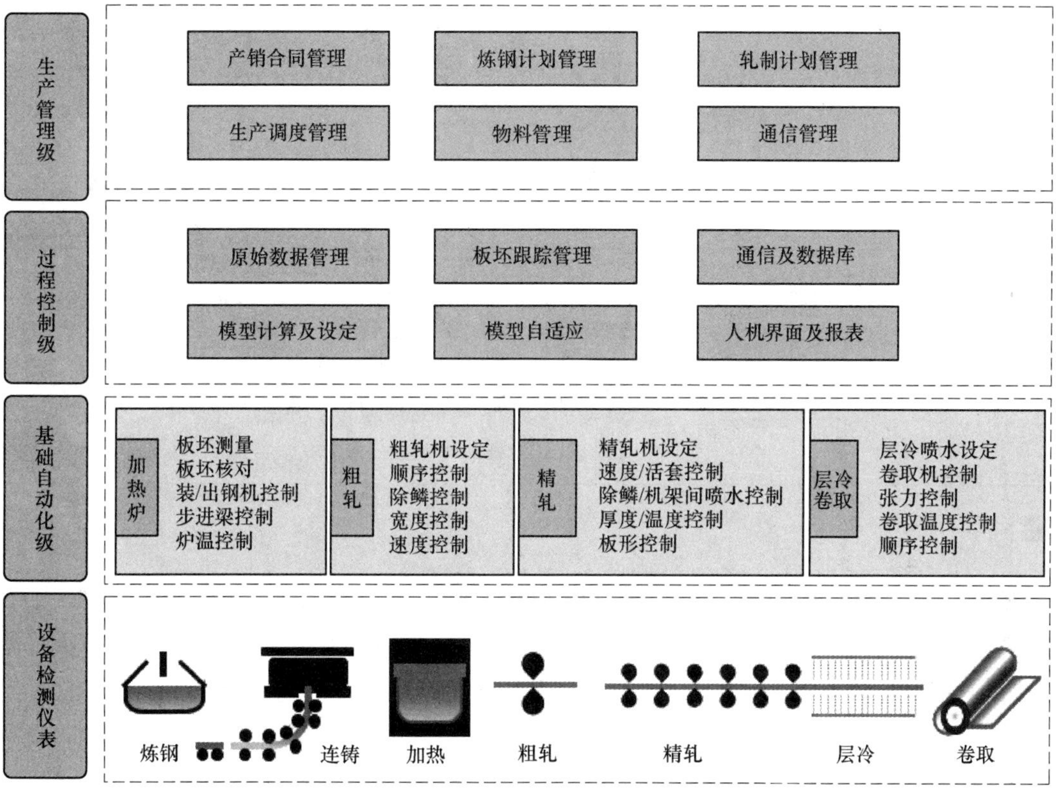

图 2-2　平台总体架构图

平台的研发基于自主知识产权的 PCDP（Process Control Development Plateform）中间件支撑平台，中间件屏蔽了操作系统的异构，提供强大的支撑服务和公共组件服务，使控制系统应用模块的开发人员聚焦功能逻辑本身，提高开发效率。

2.2　硬件平台设计

2.2.1　结构设计

热连轧全流程智能控制与优化仿真平台由 4 台工业 PC（Personal Computer）服务器完

成 L3 和 L2 的相关控制功能，3 台工业服务器完成仿真数据及动画的显示，可再现热连轧产线的典型生产过程，包括从 L3 级下达轧制计划、L2 级进行模型设定计算、L1 级周期执行设定值及动态调整等，硬件结构如图 2-3 所示。

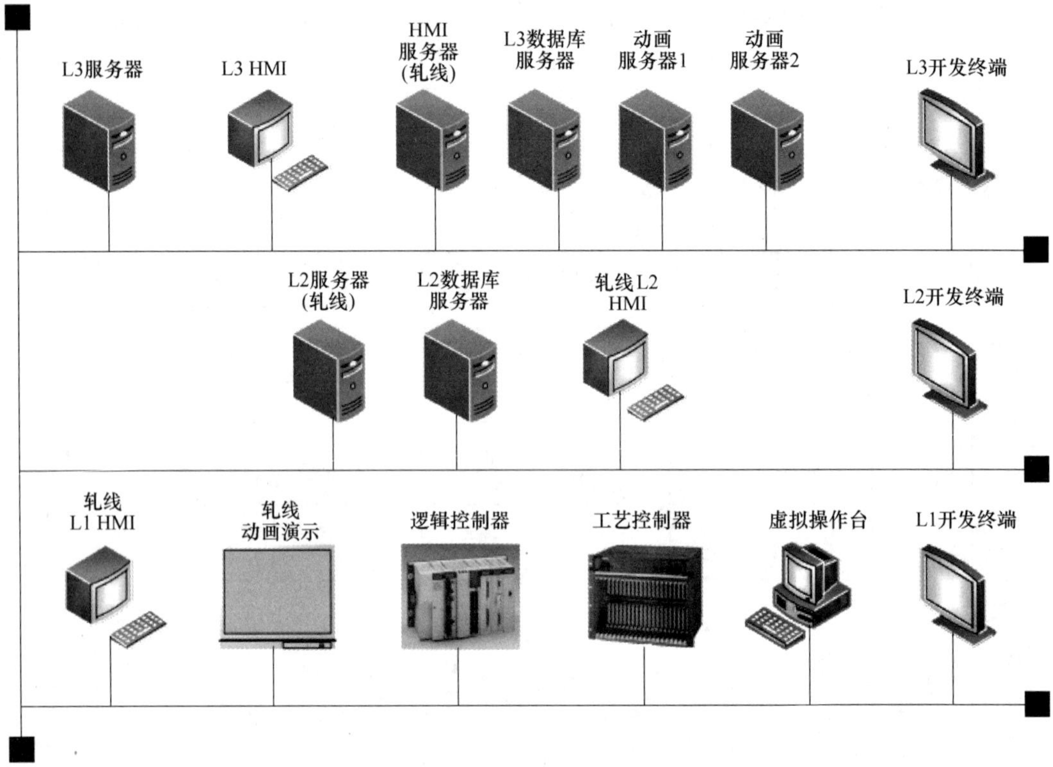

图 2-3 平台硬件结构

L3 级系统的工作由 2 台高性能 PC 服务器完成，其中 1 台服务器完成 L3 级系统应用程序的功能，1 台服务器完成 L3 级数据库的管理工作。另设置 4 台 PC 计算机用于 HMI（Human Machine Interface）数据显示和操作、功能开发和维护等。

L2 级系统的工作由 2 台高性能 PC 服务器完成，其中 1 台服务器完成轧线 L2 级的功能，1 台服务器完成 L2 级数据库的管理工作。另设置 4 台 PC 计算机用于轧制 L2 级的模型开发和维护、模型设定数据的显示及参数设置等。

设置 1 台服务器用于轧线 L1 级、L2 级界面的管理，设置 6 台 PC 计算机用于轧制 HMI 数据显示和操作，包括对象模型参数的设置、实时数据显示、模拟操作台等。

设置 2 台 PC 服务器用于动画系统的开发和运行，另设置 3 台 PC 计算机用于动画系统的显示。

设置 1 台 TDC（Technology and Drive Control）工艺控制器实现 L1 级系统的快速计算和控制。

设置 1 台 PLC（Programmable Logic Controller）逻辑控制器完成 L1 级系统的顺序和逻辑控制。

2.2.2　设备选型

硬件设备主要包括高性能 PC 服务器、PC 计算机（开发终端、HMI 及动画演示）、TDC 及 PLC 控制器等。表 2-4 为热连轧全流程智能控制与优化仿真平台硬件配置清单。

表 2-4　热连轧全流程智能控制与优化仿真平台硬件配置

名称	软件配置	数量
PC 服务器	Intel ® Xeon ® Silver 4114Processor×2 16G RDIMM DDR4 2666 内存×4 9361-8i 2GB 阵列卡 2T 7.2K SATA 3.5 英寸热插拔硬盘×2 国内 TPM 2.0 双口万兆网卡×1 4 口千兆网卡×1 冗余电源 操作系统：Windows Server 2016 标准版	7
PC 计算机	288G9 MT/i7-12700 处理器 16G DDR4_2933 内存 1TB SSD 硬盘 61 cm 液晶显示器 1920×1080 操作系统：Windows 10 专业版	17
TDC 控制器	电源及框架：6DD 1682-0CH3 CPU 模板：CPU555 6DD 1600-0BB0 以太网模板：6DD 1661-0AE1 DP 通信板卡：6DD1661-0AD1	1
PLC 控制器	电源模块：6EP 1332-4BA00 CPU 模块：6ES7 516-3AP03-0AB0 存储卡：6ES7 954-8LE03-0AA0 总线适配器：6ES7193-6AR00-0AA0 模拟量输入模块：6ES7131-6BH01-0BA0 模拟量输出模块：6ES7135-6HD00-0BA1 数字量输入模块：6ES7131-6BH01-0BA0 数字量输出模块：6ES7132-6BH01-0BA0	1
无缝拼接屏	直下式 LED 背光源 1080P，700 cd/m^2 支持 DVI、VGA、HDMI、YPbPr 接口	9

仿真平台各服务器、控制器、操作台、动画显示之间采用以太网连接，它们之间的数据通信均基于 TCP/IP 协议。在通信过程中，每个电文采用一个 TCP 连接，发送方为客户端，接收方为服务器端。电文采用标准格式，每个电文由电文头和数据体两部分组成，所有电文的电文头部分的长度和数据项都相同，而数据体部分的长度和数据项则因电文内容定义而改变。

通过三层网络交换机，将整个系统连成一个整体。这样一个分布式、网络化集成仿真系统将为实时仿真功能的实现提供良好的硬件环境，也使得仿真结果更具有实际应用价值。此外，网络布局也便于今后扩展或因生产流程设备的不同而进行相应的调整，系统具备良好的开放性。

2.3　软件平台设计

2.3.1　功能模块组成

热连轧全流程智能控制与优化仿真平台的功能较多，各工序间交换信息也较多，按功能类别主要分为原始数据管理、物料跟踪、基础自动化控制、数学模型以及公共模块，如图 2-4 所示。

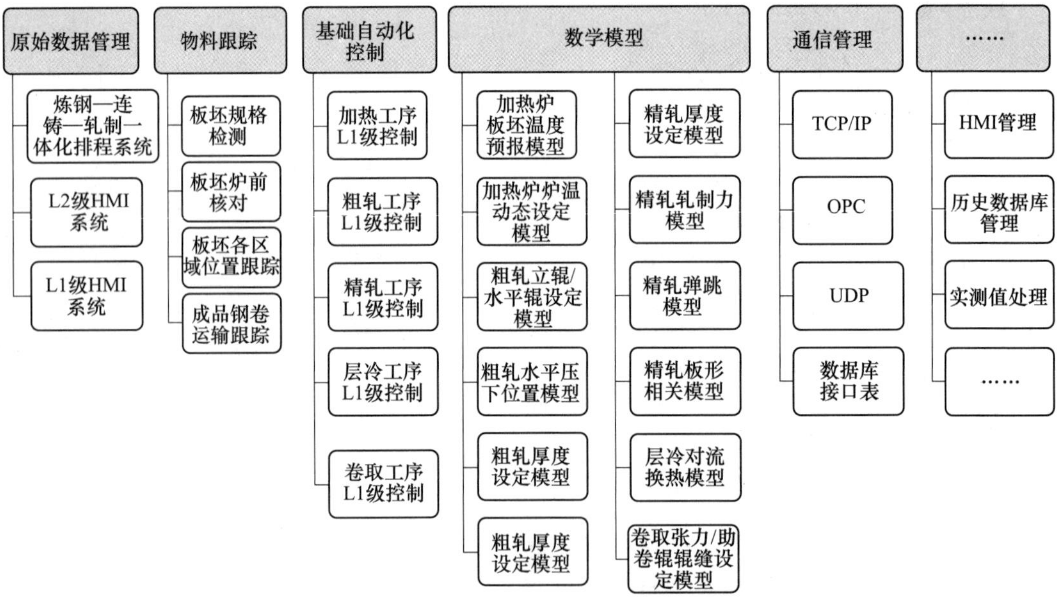

图 2-4　平台功能模块设计图

2.3.1.1　原始数据管理

仿真平台主要聚焦热连轧工艺，但生产计划的排程需要与炼钢—连铸上游工序一同考虑，以实现冷装、热装、直装方式下的炼钢、连铸、轧制一体化生产计划编制，建立以炼铸轧一体化计划与调度为核心的生产管理系统。原始数据管理主要包括合同管理、基础数据管理、炼钢生产管理、轧制计划管理、生产调度管理、板坯库管理、成品库管理、钢卷质量管理、发货管理、轧辊管理等功能模块。

通过接口管理模块实现与炼钢 L2 级系统及热轧 L2 级系统的紧密集成，可将计划及调度 PDI（Primary Data Input）指令直接下达给 L2 级系统执行，同时实时接收 L2 级系统反馈的生产实绩信息。对产品的关键工艺过程参数进行采集与分析为产品质量的持续改善提供了基础，在此基础上建立全流程的生产动态跟踪与追溯机制，用于在线生产调控与离线追溯分析。

在一体化计划编制过程中，充分考虑冷装、热装、直装各种生产模式下的物流与能流平衡关系，在综合考虑库存、设备工况、冶炼周期、连铸拉速、加热能力、轧机产能等多种因素的情况下，制定出合理的生产计划。通过生产流程动态跟踪系统对全生产过程进行实时分析与评估，使相关管理人员能够准确及时地获取生产信息进行故障排除与调度。

此外，在特殊情况下，也可在 L1/L2 级 HMI 上临时进行原始数据的输入以保障正常生产。

2.3.1.2 物料跟踪

加热炉工序的来料一般有两种，一种是直接由连铸运送来的热坯，进行直装，一种是由板坯原料库通过磁力吊或吸盘吊至入炉辊道的凉坯或温坯。无论哪种上料方式，入炉前均须经过板坯规格检测工序，以核定该板坯是否与生产计划相符，同时判断其实际测量规格是否在允许的误差范围内。

板坯的长度、宽度和厚度采用非接触式测量方式，在板坯所在辊道两侧安装规格测量设备、红外双色测温仪和冷热激光检测器，并将其接入特定的通信模块，与视频监控设备一起连接至上位机的测量系统软件，完成板坯尺寸的测量。此外，在上料辊道还需对板坯进行坯号、品规的识别，实现板坯与生产计划的一一对应，以此建立物料跟踪区域的数字板坯体系，为加热炉及下游工序数学模型提供数据输入。

在热连轧中一般将轧件的形态分为四种：板坯（slab）、带坯（bar）、带钢（strip）和钢卷（coil）。物料跟踪的目的是确定轧件在生产线上的实际位置及其数据记录的存储位置，以便为过程控制的其他功能模块提供正确的轧件数据，如数学模型的设定计算、HMI 的界面显示、历史数据存储、报表数据的编辑处理等。当实际轧件在轧线上的位置和计算机所跟踪的轧件位置不一致时，操作人员可以根据轧件的实际位置，通过 HMI 对计算机所跟踪的轧件位置加以校正。

为了实现轧件跟踪，需要 L1 级和 L2 级配合完成。L1 级负责检测信号的可靠性检查，并通过对各种检测信号的综合判断产生 L2 级所需要的跟踪事件。L2 级的跟踪是通过被动接收 L1 级传来的跟踪事件实现的。L2 级在改变数据存储区域状态时需要对这种移动的合理性进行检查（如在粗轧入口辊道只允许有一块板坯等）。

2.3.1.3 基础自动化控制

基础自动化控制的基本任务是各工序的顺序控制、设备控制和质量控制，根据过程控制级数学模型下发的设定值，执行控制使各设备的位置、速度调到设定值，以保证带钢轧制后的头部质量，并通过质量控制（或工艺参数控制），使带钢全长的厚度、宽度、板形及温度达到要求的精度。

基础自动化采用可编程控制器或多处理器控制器，配置本地 I/O 与远程 I/O 站，完成现场控制。由于控制器本身槽数有限，一般将用于快速闭环控制的有关 I/O（高速模拟量 I/O、RE-SOLVER 输入、液压缸磁尺输入等）插入控制器机箱内，称之为本地 I/O，有些控制器可由一个主机箱和多个从机箱组成，机箱间采用平行总线（15 m 距离内）相接，则本地 I/O 数量可适当扩充，但总是有限的，为此各控制器都设有远程 I/O 子系统。

2.3.1.4 数学模型

数学模型是热连轧过程控制级的核心与关键，建立和使用高可用性、高精度的数学模型，是提高产品质量的技术基础。通常热轧数学模型包括设定模型、控制模型以及数学模型的自学习[11]。

设定模型用于计算各种设备的设定值，按照生产区域划分，有加热炉设定模型、粗轧设定模型、精轧设定模型、板形设定模型、卷取设定模型等。

控制模型用于计算控制量，包括设备动作控制量、产品质量控制量、产品性能控制量、各种能源介质控制量等，例如加热炉燃烧控制模型、宽度控制模型、轧制节奏控制模型、板形控制模型、精轧温度控制模型、卷取温度控制模型等。

提高数学模型的计算精度是一个持之以恒的课题。数学模型的精度不是一成不变的，影响模型计算精度从而影响产品质量的因素很多。例如原料（或来料）特性（成分、温度、尺寸）发生变化、机械设备磨损、测量仪表噪声和零点漂移、工艺条件和环境条件改变等。

2.3.1.5　公共模块

除上述模块外，仿真平台还包括一些提供共性功能的公共模块，如通信管理、HMI 管理、历史数据管理、实则值处理等。通信管理基于多种协议完成热连轧全流程智能控制与优化仿真中各层级的通信；HMI 管理提供各层级人机交互界面，依据功能及用户的区别，选用不同的工具软件和软件结构；历史数据管理包括生产过程数据及生产历史数据，生产过程数据通常以压缩文件或文本工程报表的形式存储，生产历史数据一般以关系数据库的方式保存；实测值处理提供各种数据处理算法对 L1 级实时上传的实测数据进行处理，用于数学模型计算及物料跟踪逻辑事件触发条件的校验等。

2.3.2　中间件支撑平台 PCDP 概述

为便于实现，进行标准化的研发，在操作系统和应用程序之间采用了我们自主研发的 PCDP（Process Control Development Plateform）中间件平台，完成实时数据管理、进程间的通信和协同配合、外部通信管理、日志报警管理、进程管理、HMI 变量管理、数据库连接管理等功能，如图 2-5 所示。

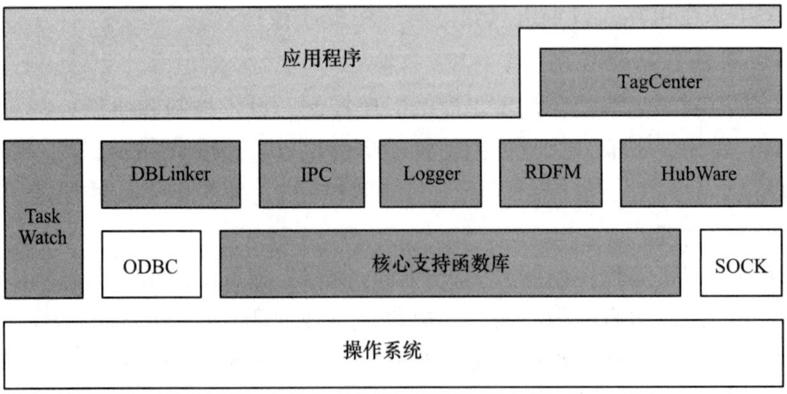

图 2-5　中间件平台功能

中间件平台屏蔽了底层操作系统的复杂性，客户端的程序开发人员只需面对一个简单而统一的开发环境，将注意力集中在自己的业务上，不必考虑程序在不同系统软件上的移植，从而大大减少了技术上的负担及程序设计的复杂性。其带给客户端应用系统的，不只是开发的简便、开发周期的缩短，同时也减少了维护、运行和管理的工作量，还减少了计算机总体费用的投入。作为新层次的基础软件，其重要作用是将不同时期、不同操作系统上开发的应用软件，通过一定的应用接口集成起来，使其能够整体、协调地进行工作，这是操作系统、数据库管理系统本身无法完成的。

PCDP 主要包含以下功能：

（1）进程管理（TaskWatch）。负责管理整个系统应用软件的启动、停止、任务守护、出错信息输出和出错点定位，维护每个进程的运行健康状态和内存、CPU 时间等统计信息，负责整个控制系统内的时钟同步。

（2）进程间通信管理 IPC（Inner Process Communicate）。负责管理不同进程之间的通信。该组件为每一个应用程序进程建立专用的消息队列，以协调各功能模块的调用和入口参数传递。

（3）实时数据文件管理（Real Data File Manage）。该组件可根据需要在服务器物理内存中建立和维护多个小巧的数据表，供应用程序之间进行实时数据交换和暂存。同时，这些数据表能与磁盘中数据文件实时同步，以保证正常和非正常的程序退出或计算机停机后生产线上的物料数据不会丢失。

（4）外部通信管理（HubWare）。负责管理主机与其他外部子系统之间的通信链路以及数据收发队列。在 TCP/IP 通信协议的基础上，该组件根据控制系统的特点对以太网通信过程的基本功能（建立连接、连接检测、收发电文等）进行了统一封装。在具体应用场景中，HubWare 可根据实际的通信配置定义自动打开指定的端口以及建立和维护对应的通信链路，并能根据通信负荷调整服务的进程和线程的数量，以保证通信数据处理的实时性。

（5）变量管理（TagCenter）。采用 COM、OPC、WebService 等技术，通过在服务器和各 HMI 终端之间建立一个全局共享的变量集合，方便灵活地实现 HMI 过程变量的定制、查询和发布。该组件能适用于大多数 HMI 组态工具（如 WinCC，iFix）和编程工具（如 JAVA、HTML、Visual Studio 等），也可用于实时过程数据存储。

（6）日志报警管理（Logger）。负责生成和管理应用程序的报警日志信息。当需要产生日志或报警时，应用程序通过接口函数向 Logger 服务器发送消息，服务器根据该消息和预先定义的格式生成报警记录，并将报警文本信息发送到 Telnet 终端和 HMI 的屏幕上，同时还以文本格式保存到本地硬盘中，每天自动生成一个新的日志文件。

PCDP 中间件平台在一个集成的环境中可完成相关的功能，其管理中心如图 2-6 所示。

2.3.3 软件配置方案

PCDP 仿真平台分层设计，从生产控制级至基础自动化级，各层面向的控制对象、用户及功能差别较大，因此各层涉及的软件也不尽相同。生产管理层面向工艺及质量管理人员，更多的是计划排产、生产实绩和产品质量的监测等，更接近于信息系统；过程自动化级主要是对设备各关键参数进行实时设定，是高精度数学模型的集合，常以后台进程的模式部署，HMI 界面采用当下流行的前端开发工具，以具备良好的交互性；基础自动化级直接面向设备，系统须具有高稳定性和实时性，因此须选用与控制器等硬件配套的专用工业软件。各层涉及软件清单如表 2-5 所示。

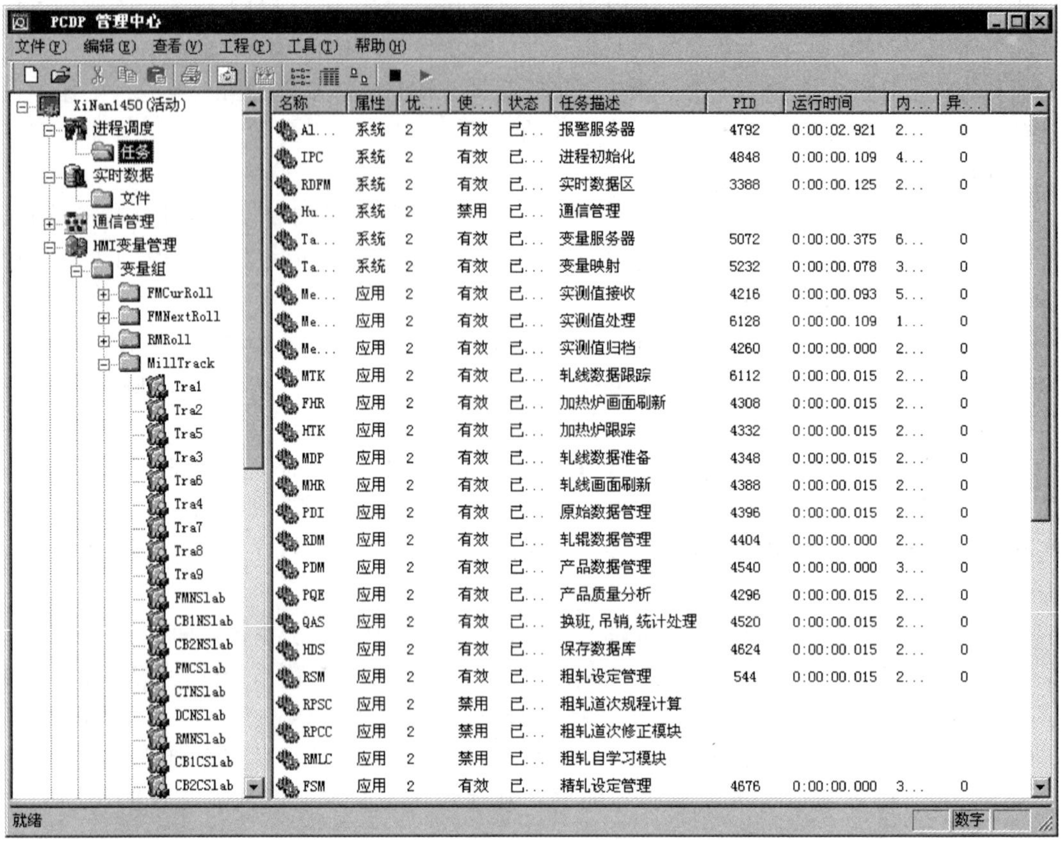

图 2-6 PCDP 管理中心

表 2-5 热连轧全流程智能控制与优化仿真平台软件配置

名称	软件配置
生产控制级	操作系统：Windows Server 2016 64bit 中间平台：专用业务建模平台 数据库：Oracle 12c Server & Client 应用进程编程工具：Visual Studio 2022、JavaSE HMI 编程工具：HTML、CSS、JS
过程控制级	操作系统：Windows Server 2016 64bit 中间平台：PCDP for Windows v3.0 数据库：Oracle 12c Server & Client 应用进程编程工具：Visual Studio 2022、Python 3.6 HMI 框架及编程工具：TomCat 运行包、HTML、CSS、JS
基础自动化级	控制器编程工具：博图、Step7 V17 SP1（TIA Portal）、Simatic PCS7 HMI 编程工具：WinCC7

2.3.4 软件结构设计

应用软件的研发是热连轧全流程智能控制与仿真平台的重点。考虑到工业应用中也是采用分级计算机控制，每一级需完成各自的功能，仿真平台也是采用分级的软件控制，如图 2-7 所示。

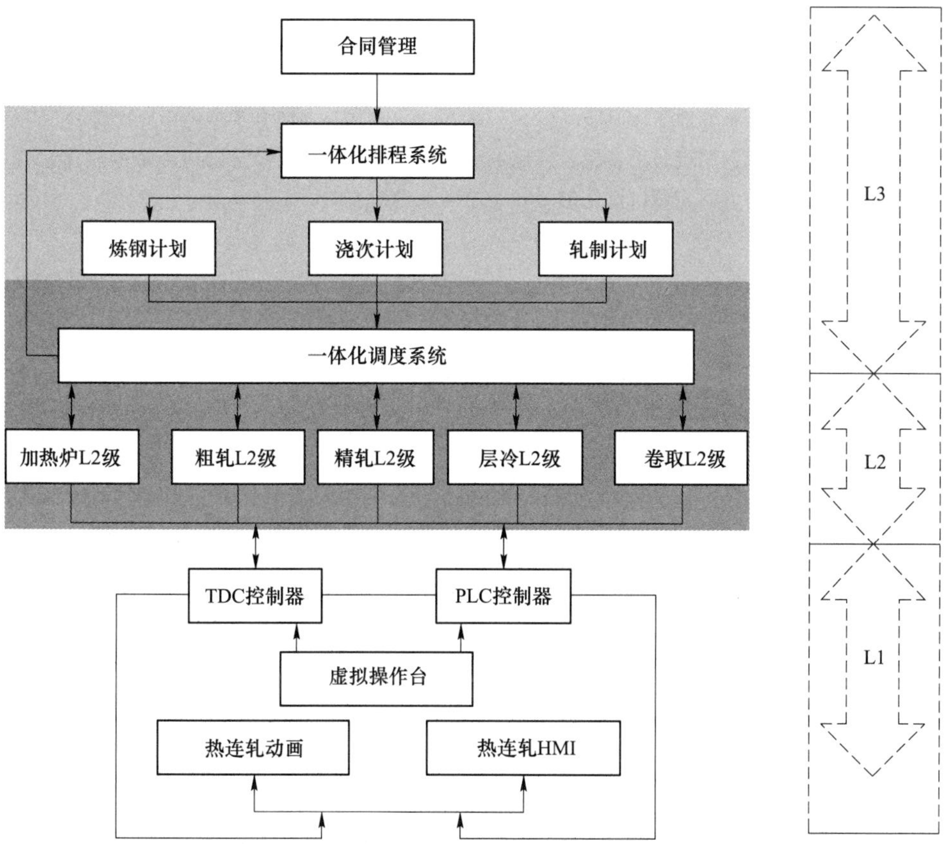

图 2-7　平台软件结构

应用软件的设计具有以下特点：

（1）多种协议、多种策略。支持 TCP/IP、UDP、OPC 等多种协议，支持异构数据库间数据的交换，满足各类业务场景的要求。

（2）模块设计、动态调配。基于低耦合的模块化设计，可以动态地添加或移除业务模块，模块状态与优先级也可修改。

（3）流行框架、引领革新。颠覆传统工控 HMI 设计，基于 VUE、Web 框架的设计实现了真正意义的“瘦客户”，并将平板、手机等移动终端引入工控领域。

本 章 小 结

热连轧技术凭借其高效能、高经济效益的优势，已成为轧钢领域实现最迅猛发展的生产工艺，同时也是现代工业技术集成应用的核心阵地。特别需要指出的是，带钢热连轧机组的技术装备层次与工艺成熟度，已然成为衡量国家工业现代化程度的关键性指标。本章依照热轧带钢产线的标准加工序列，依序对应加热、粗轧、精轧和卷取四大核心工序段，分节详解各工序段的工艺原理、产线配置及核心作用等关键技术要素。

思 考 题

2-1　热轧生产的主要作用是什么，根据生产工艺差异，可分为哪几种，热连轧生产的主要特点和优势是什么？

2-2　请从加热工序开始，至卷取工序结束，描述板坯在热连轧产线经四个工序的生产过程。

2-3　带钢热连轧计算机控制系统是冶金领域控制系统国产化的先锋，请结合国内外带钢热连轧计算机控制系统的发展及现状，简述其国产化的过程、意义及带给你的启示。

第 3 章　热连轧生产调度系统仿真

【导读】

面向典型流程工业的生产调度系统往往需要多工序统筹，随着热装率的不断提升，热连轧生产的原料直接来自上游连铸工序，各工序之间已消除了信息孤岛，因此多工序间实现统一的生产调度是必然。炼钢—连铸—轧制过程涉及一系列复杂的物理-化学变化，其运行的好坏直接影响着最终产品的质量及全流程的生产效率，它是钢铁制造流程的关键区段。通过科学生产调度可充分提高炼钢—连铸—轧制区段各工序的生产效率，减少钢水在工序间的等待时间，降低生产过程的物耗和能耗，从而在保证产品质量的前提下，降低生产成本，提高产品竞争力[12]。因此，热连轧生产调度系统仿真将从上游工序开始，对炼钢—连铸—轧制三个工序统筹设计。

生产调度计划是指在满足操作准则的前提下，在一定的时间范围内尽可能地优化资源配置的方法。生产调度计划受到很多因素的制约，如品种要求、交货期要求、批量大小限制、机器生产能力、工序优先级和资源限制等[13]。在当前市场经济条件下，炼钢—连铸—轧制一体化生产系统的调度工作，由于要满足用户多品种、小批量的要求，需要从输入用户的合同开始，形成满足各工序的工艺约束以及使三大工序相匹配的生产批量来组织生产。

本章分为四个小节，首先从系统总体架构的角度介绍了总体方案、功能范围和系统的业务流程，接着进行了数据管理和实时调度的设计以及库区和发货的设计，最后讲述了钢卷质量及轧辊管理的设计以及系统通信和安全相关的内容。

【学习建议】

本章讲述炼钢—连铸—轧制全流程的生产调度，学习者应了解这三个工序的联结关系，明白生产调度需要多工序统筹的意义。通过学习生产调度系统的结构和功能，掌握产线生产计划排程、物料原始数据以及产品、设备等数据管理的流程。

【学习目标】

1. 了解生产调度系统在流程工业中的作用和意义。
2. 掌握炼钢—连铸—轧制全流程生产调度系统的结构和功能。
3. 培养知识服务于生产一线的理念和勇于创新的精神。

生产计划是在市场需求预测或客户订单的基础上，依据企业资源，制定包括产品品种、产量和执行期限的生产规划和决策；生产调度是根据生产计划要求，在满足一定约束的前提下，通过安排作业任务、工艺路线以及其他资源，实现制造系统性能的优化[14]。

生产调度包括预定的生产调度和实时的生产调度。其中，生产计划的编制和预定的生产调度都是基于设备正常、资源充足等“理想”情况，可以归并在一起考虑，统称为静态调度。炉次计划、浇次计划和轧制计划属于生产批量计划，在生产批量计划编制结束后，需要编制生产作业计划，即为生产调度的预定。实时的生产调度是生产计划在实际运行中，受到实际生产环境的各种干扰而进行的调度，称为动态调度[15]。现行的生产调度系统具有如下特点：

（1）运用智能优化算法并结合一定程度人机交互的方式，编制初始生产计划与调度方案，表现形式有 Gantt 图、生产时刻表等，不能完全实现计算机调度；

（2）由于钢厂的产品结构、工艺流程、技术水平、人员素质、企业文化等的差异，几乎每个钢厂都使用其特有的生产调度系统，系统通用性不好，难以实现普适化；

（3）当前的计算机调度系统主要实施静态调度任务，动态调度涉及较少，对异常情况的快速决策与处理能力较差；

（4）由于实际生产情况多变，影响生产运行的干扰因素多，扰动大，调度系统排出的生产计划可执行性差。

因此，研究和开发符合钢厂实际的调度系统，提高产线生产流程管控水平对实现智能排产与调度尤为重要。而基于实际生产数据的生产调度仿真系统，是进行各种复杂工况模拟的有效途径。

3.1　系统总体架构

热连轧生产调度系统位于轧线 L1 级和 L2 级系统之上，是从销售到生产及发货全过程的核心管理平台，负责协调和控制炼钢、连铸与热轧全线的生产组织。系统基于 B/S 架构开发，采用业务建模平台以增强可维护性和安全性，简化部署操作。

3.1.1　系统总体方案

系统配置一台生产控制服务器，安装关系型数据库用于存储板坯信息、轧辊信息、生产计划、调度信息和成品信息等生产数据，并部署 Web 服务器和应用服务器组件，实现基于浏览器的功能访问。客户端无需额外安装软件，通过浏览器即可完成数据操作和存储。同时，系统通过适配器与炼钢 L2 级、连铸 L2 级、加热炉 L2 级及轧线 L2 级建立信息集成，支持指令下达、实时数据采集和生产管理，实现跨系统的高效协同与控制。

系统功能涵盖合同管理、炼钢计划管理、轧制计划管理、生产调度、物料管理、基础数据管理、工器具管理、通信管理、报表管理及物流能流管理，全面覆盖热连轧生产全过程。在业务流程上，系统分为生产合同管理层、调度控制层和设备控制层。生产合同管理层负责合同接收、下达与任务分解，同时动态监控生产进展并制定发货计划；调度控制层作为系统核心，负责从虚拟材料到实际生产的全过程调度，制定炉次、浇次及轧制计划，结合板坯与轧辊等资源管理优化生产方案，通过通信适配器下达指令并采集生产数据反馈，以持续优化调度策略；设备控制层涵盖炼钢、连铸、加热炉和轧线的 L2 级控制系统，通过通信适配器与调度控制层交互数据，控制 L1 级执行系统完成具体操作，确保生产任务的高效执行。整体架构设计实现了对全流程生产的精确控制与动态调度，满足复杂生产线的智能化管理需求。生产调度系统总体方案如图 3-1 所示。

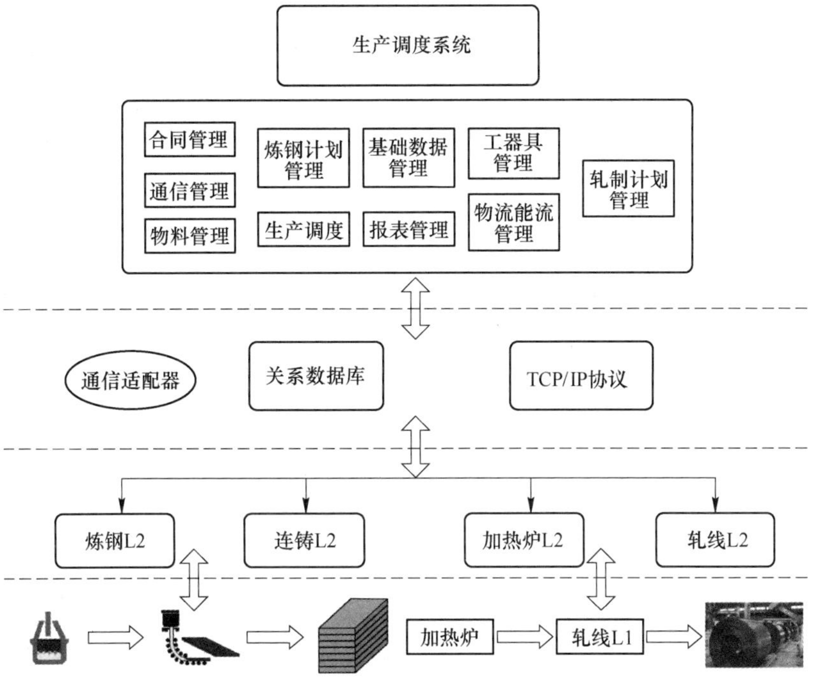

图 3-1 生产调度系统总体方案示意图

3.1.2 系统功能范围

全流程仿真系统主要涵盖以下功能：合同管理、炼钢计划管理、轧制计划管理、生产调度、物料管理、基础数据管理、工器具管理、通信管理、报表管理、物流能流管理。

合同管理包括产销合同转换、材料设计、合同跟踪管理。产销合同转换是将销售合同转化为生产合同，确保生产需求与客户订单的一致性。通过系统自动化转化过程，减少人工错误，并保证生产规划能够满足市场需求。材料设计则根据合同需求进行材料的成分和工艺设计，确保最终产品符合质量和性能要求。系统支持材料设计方案的自动生成和优化，以适应不同产品需求。合同跟踪管理负责全程跟踪合同的执行状态，包括生产进度、交付时间等，以便及时发现和解决潜在问题，确保按时完成合同要求。

炼钢计划管理包括 CCR（Compact Cold Rolling）炉次计划编制、CCR 浇次计划编制、炼钢生产时刻表及甘特图、炼钢相关标准维护。CCR 炉次计划编制负责制定冶炼过程中的炉次计划，分配具体时间、设备和资源，以保障生产的连贯性和炉次效率。CCR 浇次计划编制则在炼钢的下一阶段，为浇次编制详细计划，确保钢液在最优条件下浇注成型，从而降低废品率，提高成材率。炼钢生产时刻表及甘特图是通过时刻表和甘特图直观展示炼钢流程，便于调度员实时监控各环节进度，进行准确的时序控制。炼钢相关标准维护则允许维护与炼钢工艺相关的各种标准和参数，确保生产过程符合技术要求和质量标准。

轧制计划管理包括 CCR 轧制计划、DHCR（Direct Hot Charge Rolling）一体化计划、计划状态维护。CCR 轧制计划针对连续铸坯轧制，制定详细的计划方案，确保轧制顺序和节奏符合生产要求，并使生产效率最大化。DHCR 一体化计划是在双高温轧制中，编制一体化计划，优化连铸和轧制的协调，提高生产线的连续性。计划状态维护需要记录和更新每个计划的执行状态，跟踪计划进展，及时识别延迟或异常，确保生产计划的高效执行。

生产调度包括计划放行、执行跟踪、生产过程调度。计划放行根据计划优先级和生产条件，批准并放行具体的生产计划，确保资源的合理调度。执行跟踪实时跟踪生产计划的执行情况，监控生产过程中出现的各类状况，如产量、设备运行状态等，以便对生产进度进行调整。生产过程调度通过对生产过程的实时数据监控，动态调整生产任务，优化生产效率和资源利用，确保生产顺畅。

物料管理包括板坯库管理、衔接区物流跟踪与控制、钢卷库管理。板坯库管理需要对板坯库的库存进行实时管理，记录板坯的数量、状态和位置信息，优化仓储布局和调度。衔接区物流跟踪与控制需要监控并调控不同工序间的物流衔接，确保物料在各生产环节间的及时输送，避免因物流不畅造成生产中断。钢卷库管理对钢卷成品的库存管理，跟踪每个卷钢的位置信息、出入库状态等，保障钢卷的存储与发货流程有序进行。

基础数据管理指 PDI（Primary Data Input）数据管理，负责管理热轧生产过程 PDI 基础资料、产品取样规范和打捆规范，确保基础数据的准确性，为仿真和实际生产提供可靠的数据信息支持。

工器具管理指轧辊管理，对轧制工序中使用的轧辊进行管理，记录轧辊的使用状态、磨损情况、维护记录等，以延长轧辊的使用寿命并减少更换频率。

通信管理指通信接口配置，要求系统支持通信接口的灵活配置，为仿真平台内外的数据交换提供保障，确保各系统模块的实时信息共享和联动控制。

报表管理做到自动生成生产报表，记录生产过程的关键数据，包括生产效率、产品质量、能耗等，方便管理层分析生产情况并做出决策。物流能流管理包括系统能流效率分析、系统热装效率分析。系统能流效率分析是分析各个工序的能流效率，以识别和优化能量消耗点，从而降低能耗，提高系统的整体能效。系统热装效率分析需要对板坯的热装工艺进行分析，通过提高热装率减少反复加热过程中的能耗，有助于实现节能降耗的目标。

3.1.3　系统业务流程

系统业务整体可以分为生产合同管理层、调度控制层和设备控制层三个层次。系统的业务流程如图 3-2 所示。

生产合同管理层负责对生产合同进行整体管理和安排，包含合同的接收与下达，具体包括：根据生产合同的规定和实际要求，决定生产任务与生产模式，并将具体的生产任务分配至下游的计划编制环节；在生产过程中需要接受生产线的生产动态，即生产的各项指标与完成率；在完成生产后，制定并下发发货计划。

调度控制层是调度系统的核心，负责从虚拟材料到实际生产的全过程计划与调度。由上层生产合同管理层进行调控，并将生产动态实时反馈给上层生产合同管理层，具体包括：炼钢 PO 单根据合同需求生成，传递到虚拟材料管理；虚拟材料通过炉次和浇次计划细化为具体的工序安排，生成炼钢和一体化时刻表；结合板坯管理、轧辊管理和能源管理，优化资源配置并编制详细的生产计划；生产调度动态调整计划，并通过通信适配器控制 L2 层设备；成品管理通过跟踪产品状态，结合质量检查结果，安排发货计划；生产过程的实时数据返回调度控制层，优化下一阶段的计划。

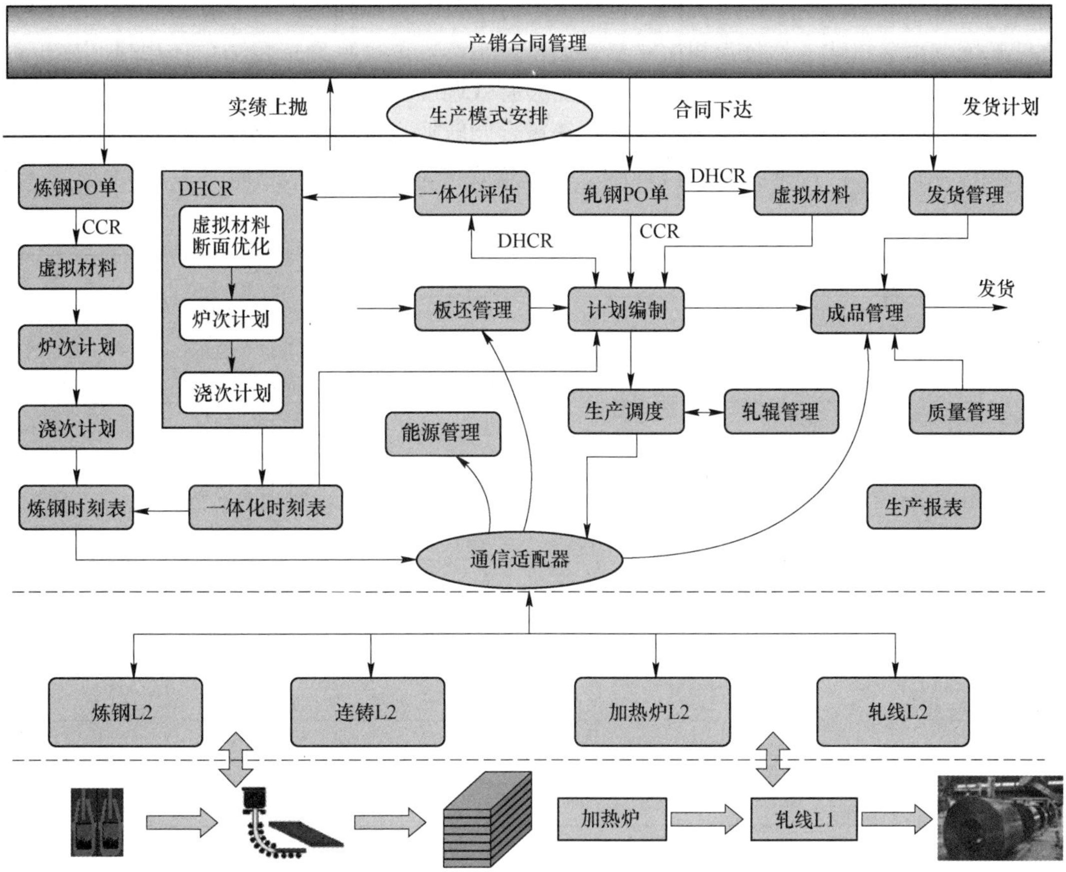

图 3-2　系统业务流程图

设备控制层主要负责生产设备的直接控制与监控，涵盖炼钢、连铸、加热炉和轧线的各个 L2 级控制系统。通信适配器用于调度系统（上层系统）与设备控制层（L2 层）之间的信息通信，确保各层之间的数据同步。同步的数据通过 L2 级控制系统执行炼钢、连铸、加热炉和轧线的具体设备控制，L1 级是最底层的执行系统，受 L2 级的控制并执行功能。

3.2　数据管理及实时调度设计

热连轧生产调度仿真系统中的数据管理及实时调度设计重点围绕产销合同管理、基础数据管理、轧制计划编制与管理及实时生产调度四个关键模块展开。通过这些模块的协同工作，系统可以实现生产与销售环节的精准衔接，优化生产计划和调度管理，提高生产效率、资源利用率和生产灵活性，进一步推动生产过程的智能化与高效化。

3.2.1　产销合同管理

产销合同管理模块确保了生产和销售环节的顺畅对接，根据销售订单确定产品的质量标准与尺寸要求两个重要指标，根据质量标准制定所生产产品的规范，根据产品规范和材料设计规范共同制定产品的质量设计与物料优化设计。综合产品的质量设计要求与物料优化设计，形成产品的生产技术文档，包括生产订单技术档案和生产订单物料档案。其中生产订单技术档案包括工艺路线和作业基本资料；生产订单物料档案包括板坯规格和虚拟板坯资料。通过对合同的追踪和转换，系统能够有效调度资源，提升生产的精度与客户满意度。实现的主要功能包括销售合同维护、销售合同转换、炼钢工艺路径标准维护、板坯设计标准、合同追踪。产销合同管理具体二级功能如表 3-1 所示，示意如图 3-3 所示。

表 3-1 产销合同管理功能表

一级功能	二级功能
销售合同维护	合同信息录入 合同修改与更新 合同状态跟踪
销售合同转换	生产计划生成 生产调度匹配 订单与库存协调
炼钢工艺路径标准维护	工艺路径定义 工艺标准更新 质量控制与追溯
板坯设计标准	设计参数管理 标准更新与优化 设计匹配
合同追踪	进度追踪 问题反馈与处理 数据报告

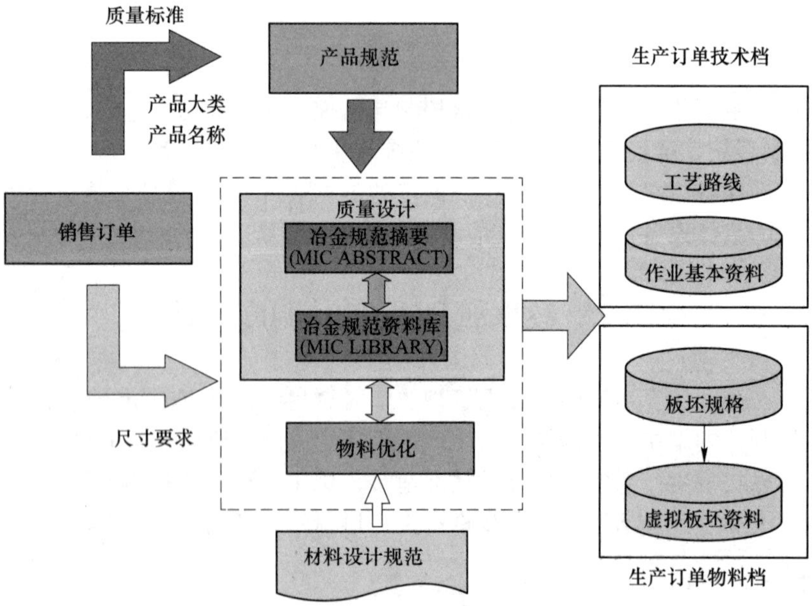

图 3-3 产销合同管理示意图

销售合同维护是产销合同管理系统的核心功能之一，主要涉及对客户订单和合同信息的管理。该功能主要包括：合同信息录入、合同修改与更新、合同状态跟踪。合同信息录入是指系统支持录入和存储与客户签订的销售合同，包括合同编号、客户信息、交货日期、产品规格、数量等。合同修改与更新是指在合同执行过程中，如果出现变更，如交货日期调整、产品数量变动等，系统可以及时更新合同内容。合同状态跟踪则能够实时跟踪合同的执行进度，例如已发货、待发货、已交付等状态，确保各个环节的信息透明。

销售合同转换功能用于将客户的需求转化为实际的生产任务。这一过程通常包括：生产计划生成、生产调度匹配、订单与库存协调。生产计划生成是指根据销售合同中的产品规格、数量及交货期，系统自动生成对应的生产计划和排产任务，确保生产资源的合理分配。生产调度匹配是指系统根据生产线的实际能力和排程要求，将销售合同中的需求与生产线的时间表进行匹配，从而优化生产调度。订单与库存协调是指在生产过程中，系统会跟踪原料库存和产品库存，以确保生产过程中原料供应和成品库存满足销售需求。

炼钢工艺路径标准维护功能用于规范和优化炼钢过程中的各项工艺参数，确保每一个生产批次的产品符合质量要求，主要包括：工艺路径定义、工艺标准更新、质量控制与追溯。工艺路径定义是系统中定义了不同产品类型的炼钢工艺路径，规定了从炼钢到连轧过程中的各个工序的具体操作步骤。工艺标准更新表示随着生产工艺的优化和新技术的引入，炼钢工艺路径标准可能会进行更新。系统支持对这些标准的动态调整，以便实时应用到生产中。质量控制与追溯则是在每个工艺路径中，系统记录关键质量控制点，确保产品质量在整个生产过程中得到控制。

板坯设计标准维护功能主要用于确保板坯的设计符合客户需求和生产要求。这项功能通常包括：设计参数管理、标准更新与优化、设计匹配。设计参数管理是系统可以维护不同板坯规格的设计标准，例如厚度、宽度、长度等参数。系统根据不同的销售合同自动选择合适的设计标准。标准更新与优化是指随着生产技术的进步，板坯设计标准可能会有所更新，系统能够及时维护和更新相关标准，以提高产品的质量和生产效率。设计匹配则按照板坯设计标准，系统根据销售合同中的产品规格自动生成符合要求的板坯设计，并进行工艺匹配。

合同追踪功能是对销售合同执行过程的全面跟踪与管理，主要包括：进度追踪、问题反馈与处理、数据报告。进度追踪是指系统实时跟踪合同中各项任务的进度，确保生产与销售计划的协调一致。例如，是否按时开始生产、是否按时发货等。问题反馈与处理是指在执行过程中，如果出现质量问题或生产延误，系统能够即时记录并反馈，方便相关人员及时处理。数据报告是指系统生成详细的进度报告，供管理层进行决策分析。这些报告可以帮助管理层发现潜在的瓶颈问题，优化合同执行过程。

3.2.2 基础数据管理

基础数据管理系统用于管理热轧生产过程 PDI 基础资料、产品取样规范和打捆规范。该功能由技术科操作、维护相应的标准，确定企业在实际生产过程各工序的具体生产规范。在生产科确定具体的轧制规格后，系统自动生成轧线所需的 PDI 数据，并由生产科或调度室下达给轧线 L2 级和加热炉 L2 级，以完成轧线的控制。基础数据管理系统的主要流程如图 3-4 所示。

基础数据管理具体实现的功能包括：生产标准维护、PDI 数据测试。生产标准维护是

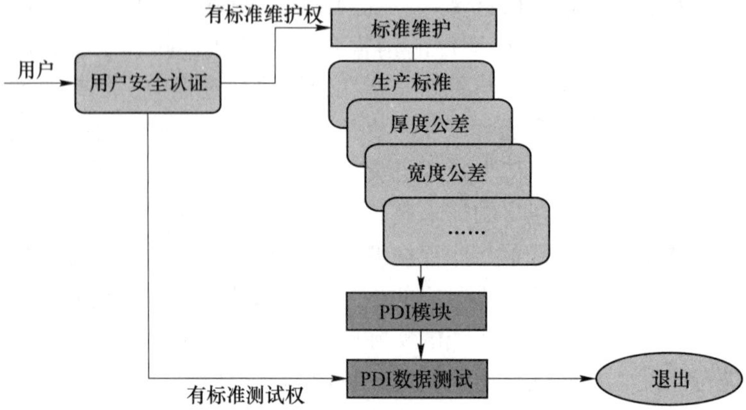

图 3-4　基础数据管理系统流程图

基础数据管理中的核心功能之一，涵盖了多个标准表格，具体包括：生产标准表、宽度公差表、厚度公差表、凸度及平直度公差表、终轧温度公差表、卷取温度公差表、冷却方式表、取样规范表和打捆规范表等。这些标准表为生产过程提供了详细的参数要求，指导技术人员在不同工序中进行调节和操作，确保生产过程中各项指标都符合设定标准，从而提高生产质量和效率。

PDI 数据测试也是基础数据管理中的一个重要功能，它用于验证生产过程中各种数据是否符合预定规范，并确保这些数据在后续生产环节中的应用是准确的。通过数据测试，生产系统能够及时发现并纠正潜在的偏差，避免在轧制过程中出现不符合质量要求的产品。

基础数据管理系统与生产调度系统、实时生产调度和钢卷库管理系统密切协作，确保从原材料的准备、生产工艺的执行到最终产品的存储和发货，每个环节的数据都能够得到实时更新和准确应用。通过这些系统的紧密结合，生产过程可以更加精细化、规范化，进一步提升了整体生产效率和产品质量，同时为钢卷的后续发货和库存管理提供可靠的数据支持。

基础数据管理——厚度公差表维护界面如图 3-5 所示。

3.2.3　轧制计划编制及管理

轧制计划编制及管理工作是热轧生产组织的核心。轧线的生产效率能否得到充分发挥，与轧线的生产计划编制水平直接相关。系统支持 CCR/HCR 轧制计划排程及 DHCR 计划排程。轧制计划编制界面如图 3-6 所示。

系统中 CCR/HCR 轧制计划排程采用见坯排程方法，即只对板坯库存板坯进行排程，生成一个完整的轧制计划或者不完整的轧制段计划，其中不完整的轧制段计划主要用于 HCR 计划方式。轧制段计划相互衔接，构成一个完整的轧制计划。DHCR 计划采用一体化排程技术对轧制计划、浇次计划及炉次计划进行联合编制。

轧制计划编制与管理实现的功能包括：基础规范维护、板坯库存分析、钢卷库存分析、CCR/HCR 计划编制、DHCR 一体化计划编制、轧制计划维护、相关信息查询。其中基础规范维护包括：板坯最大侧压量、同宽轧制长度、轧制单位长度、厚度跳跃规范、宽

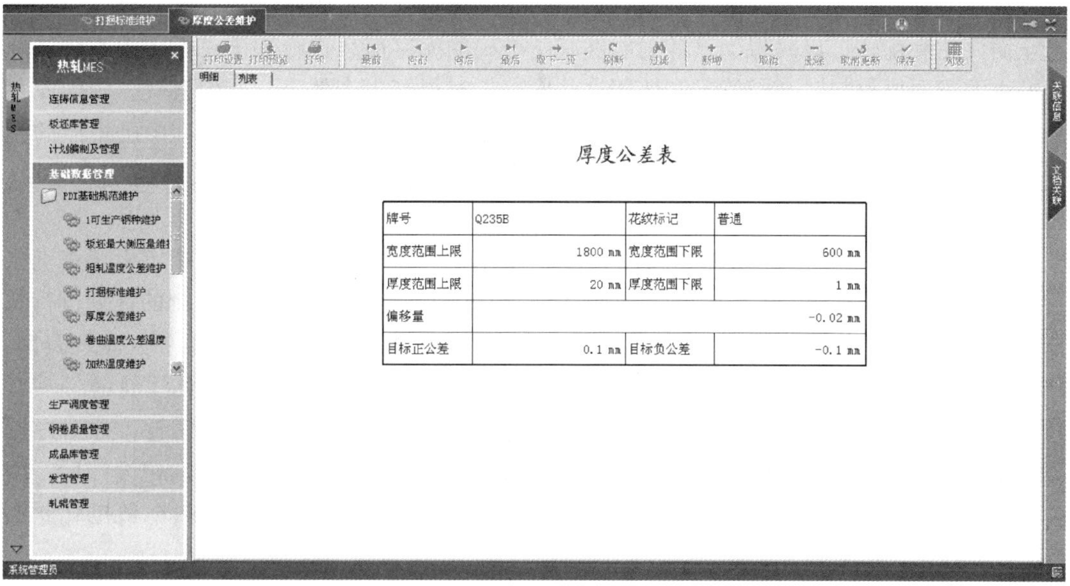

图 3-5 基础数据管理——厚度公差表维护界面

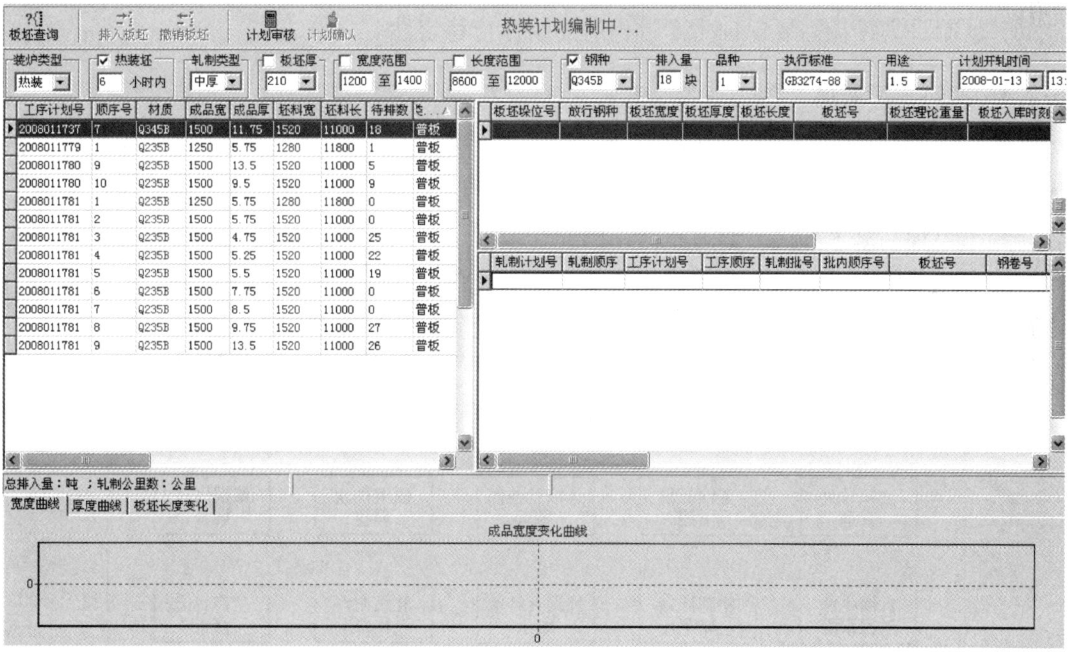

图 3-6 轧制计划编制界面

度跳跃规范。

基础规范维护是轧制计划编制及管理系统中的关键组成部分，旨在确保生产过程中的各项操作符合标准，提升生产效率与产品质量。该功能模块主要涉及多个生产参数的设定与管理，通过精确的规范维护，确保在不同生产条件下，轧制过程能够顺利进行，避免因参数设置不当而造成的生产问题。

板坯库存分析是轧制计划编制及管理中的关键环节，其主要目的是对现有板坯库存进行全面评估和优化，以确保生产计划能够基于准确的库存信息进行编排。板坯作为热连轧生产中的重要原材料，高效管理和使用这些库存，对提高生产效率、减少浪费、降低库存成本具有重要意义。钢卷库存分析与板坯库存分析相似，专注于对轧制过程中已生产的钢卷进行管理和优化。钢卷是热连轧过程中的最终产品，其库存管理不仅关系到生产效率，也直接影响到市场销售和产品交付的及时性。

CCR/HCR 计划编制采用见坯排程的方式。首先选择想要排程的合同，指定板坯查询条件后，检索出准备排程的板坯库板坯，然后选择板坯排入轧制计划，并对编制的计划进行轧制规范审核、PDI 审核。如审核都通过，则确认后生成正式计划。主要功能包括：板坯查询、排入板坯、撤销板坯、计划审核、计划确认、宽度变化曲线展示、厚度变化曲线展示。

DHCR 一体化计划编制先由轧制作业计划分解热轧 PO 单，生成虚拟钢卷，并对虚拟钢卷按轧制规程，编制热装热送热轧计划，形成钢卷轧制顺序；进行断面优化设计后，由热轧作业计划通知材料申请模块，分解炼钢 PO 单形成虚拟板坯。然后材料申请按轧制顺序，组炉、组 CAST，实现炼钢—热轧 DHCR 计划。

轧制计划维护是热连轧生产中的重要功能模块，其主要任务是确保生产计划能够实时反映当前的生产需求和资源状况，并及时进行调整和优化。随着生产环境的变化和需求的波动，轧制计划维护需要保证生产过程的连续性与稳定性。

3.2.4 实时生产调度

实时生产调度用于解决生产过程出现问题时，对炼钢、连铸、轧线生产作业计划进行干预，以保证轧线的生产能够继续。通过实时监控和数据反馈，调度人员能够快速响应生产过程中出现的各类问题，避免生产中断或效率低下。不仅可以根据连铸、轧线生产实绩进行轧线作业计划的调整，还可以在需要时对轧线作业计划进行放行与启动，控制轧线的生产组织，保证轧线生产的连续性。实时生产调度实现的功能如图 3-7 所示。

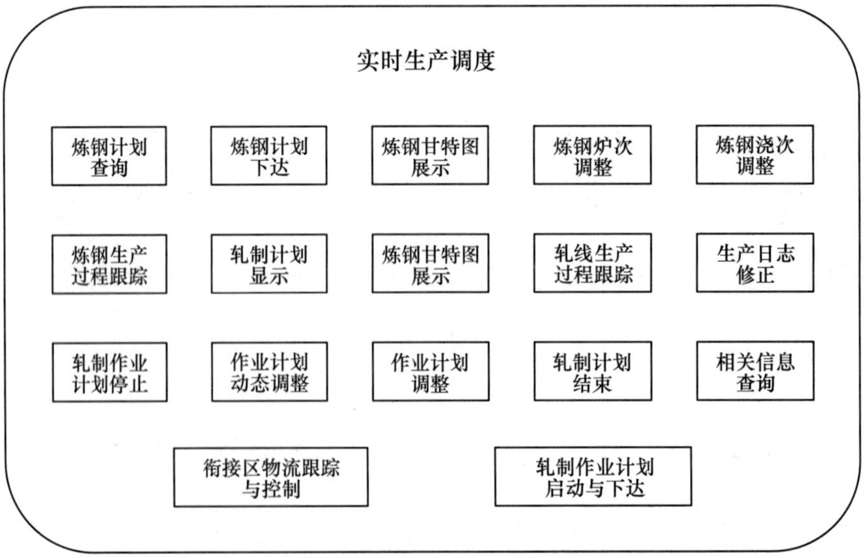

图 3-7 实时生产调度功能

炼钢环节，调度人员可以查询和下达炼钢计划，并通过甘特图对炼钢作业进行直观展示，确保炼钢过程与后续轧制作业的紧密衔接。炼钢炉次和浇次的调整功能允许调度人员根据实际生产状况对作业顺序和资源分配进行动态优化，从而避免出现生产瓶颈或浪费资源。

在连铸和轧制环节，实时生产调度系统通过衔接区物流跟踪与控制，确保从炼钢到轧线的板坯顺利传递，避免物流环节的滞后对生产产生不利影响。同时，轧线生产过程跟踪和轧制计划显示功能使得调度人员可以实时了解轧线的生产状态，及时掌握生产进度和资源消耗情况。对于出现问题的生产环节，系统能够快速启动或停止相应的作业计划，并根据实际需求进行动态调整。

生产调度管理界面如图 3-8 和图 3-9 所示。

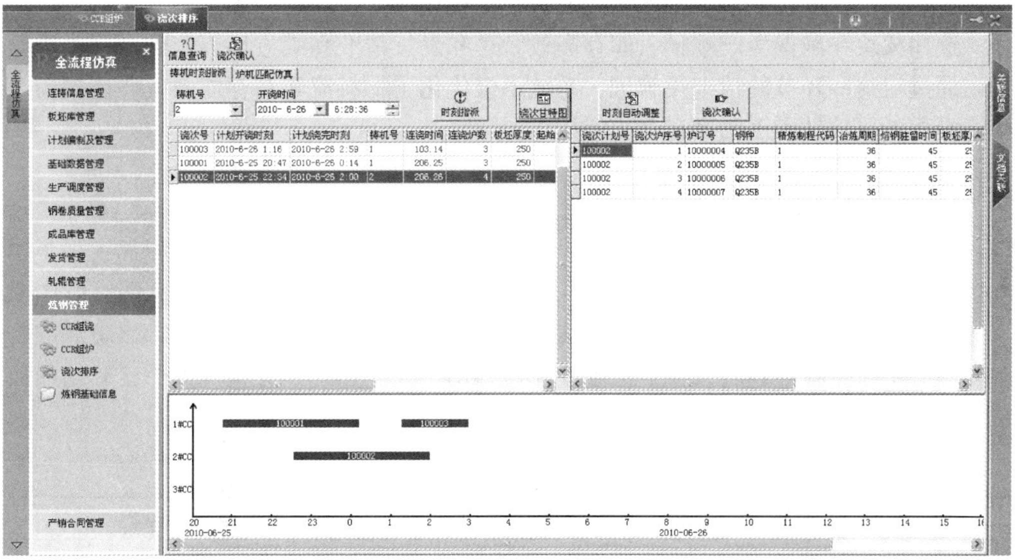

图 3-8　浇次时刻指派与调整界面

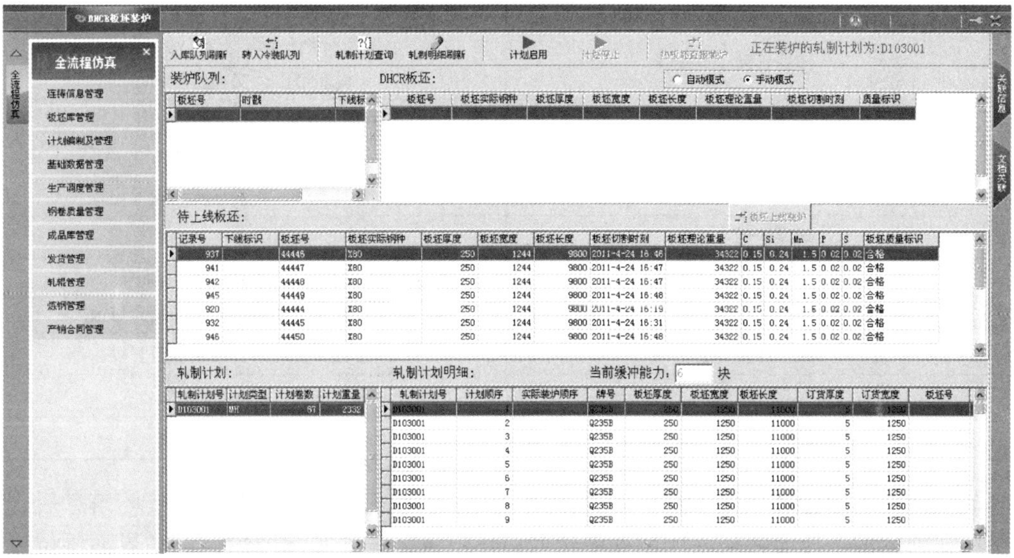

图 3-9　DHCR 动态调度界面

作业计划的动态调整功能是实时生产调度的重要组成部分。调度人员可以根据实际生产情况，灵活调整作业计划的顺序、资源分配以及作业方式，以提高生产效率并减少停机时间。同时，系统还提供生产日志修正功能，允许对生产过程中出现的偏差进行记录和修正，确保生产数据的准确性和完整性。此外，实时生产调度系统还支持相关信息查询，调度人员可以随时查询生产过程中的各种关键数据，如设备状态、生产进度、物料消耗等，从而做出科学的决策。

3.3 库区及发货设计

热连轧生产调度仿真系统中库区及发货包括板坯库管理、钢卷库管理和发货管理三个模块。这些模块在确保生产顺畅、库存高效管理和发货精准高效方面，起到了至关重要的作用。通过对这些环节的精细化管理，系统不仅优化了物料流转与存储效率，还提高了整体生产过程的可控性和透明度。

3.3.1 板坯库管理

板坯库是热轧生产的重要组成部分，板坯库管理主要用于管理和监控板坯这一关键原材料的库存。板坯库是热轧的原料库，储存 CCR 或 HCR 板坯，通过系统化的板坯库管理，确保板坯的库存、流转和质量状态清晰透明，支持高效的热轧生产流程。板坯库管理主要功能有：负责板坯物料入库、出库、库位移动、盘点和统计分析等操作，其功能模块如表 3-2 所示，主要流程如图 3-10 所示。

表 3-2 板坯库管理功能表

一级功能	二级功能
库区管理	库区垛位管理、板坯垛位查询、逻辑库区定义、物理库区定义
库区垛位展现	配置库位图、查看库位图
计划管理	计划显示、上料计划、板坯吊出、交换上料顺序
入库管理	连铸坯入库、CCR 入库、HCR 入库、返库坯入库、外部坯入库
出库管理	返回上工序、轧制出库、盘亏出库
倒垛管理	计划倒垛、主动倒垛
信息管理	入库信息查询、出库信息查询、在库板坯信息查询、板坯信息修改
板坯质量	板坯质量封锁、板坯质量解锁
库存分析	
板坯库盘点	

轧制计划入库管理界面如图 3-11 所示，接收到连铸产出的轧制计划板坯信息后，操作员根据到达的板坯实物从入库队列中选取板坯记录，根据实际堆垛情况和界面垛位建议对板坯进行入库。

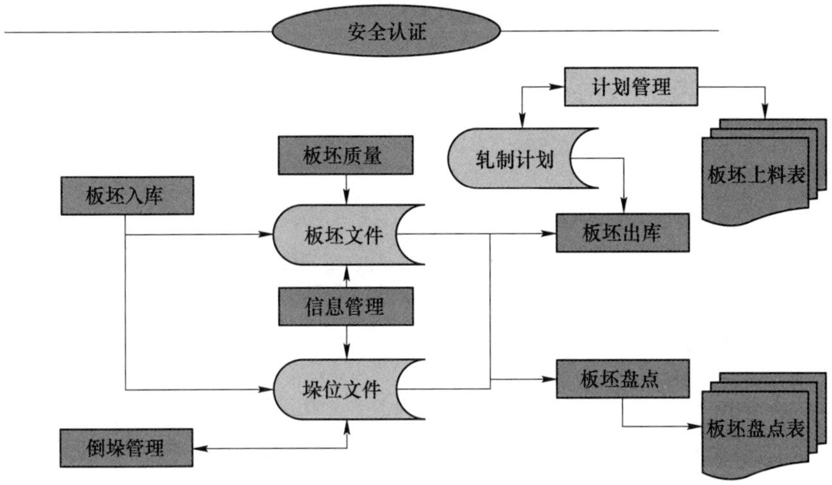

图 3-10　板坯库管理主要流程

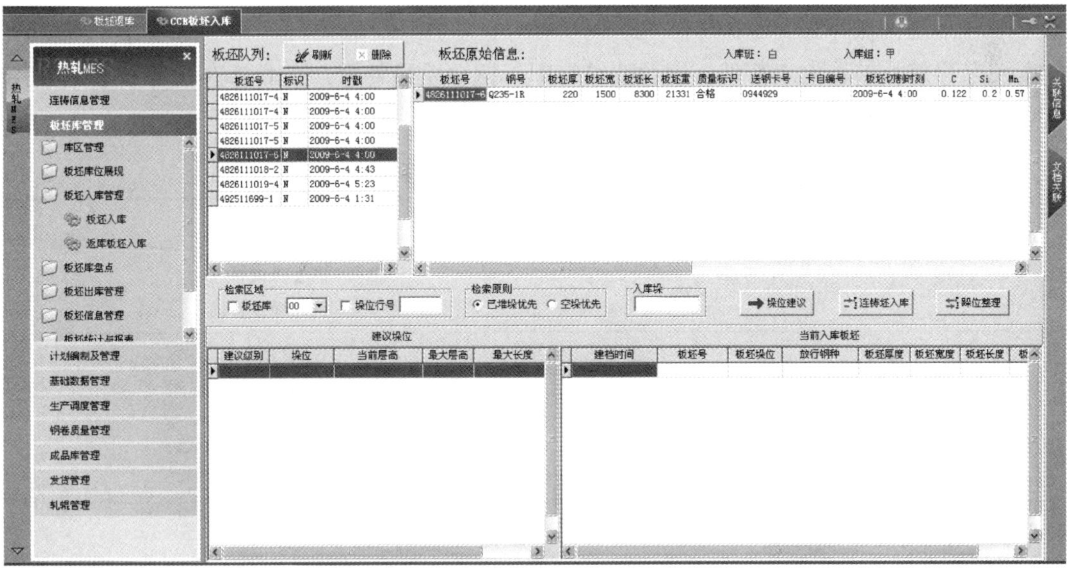

图 3-11　轧制计划入库管理界面

在入库时，为协助板坯库管理人员快速了解库区的构成，垛位占用情况等重要信息，还可查看库位图信息，如图 3-12 所示。

其中，标记“●”表示排入计划，标记“▲”表示需要倒垛，标记“■”表示存在封锁坯，其他为默认。

3.3.2 钢卷库管理

钢卷库管理负责钢卷成品的库存管理，跟踪每个钢卷的位置信息、出入库状态等，保障钢卷的存储与发货流程有序进行。

钢卷库管理主要功能包括：库区管理、钢卷库位展现、预入库钢卷管理、钢卷信息、

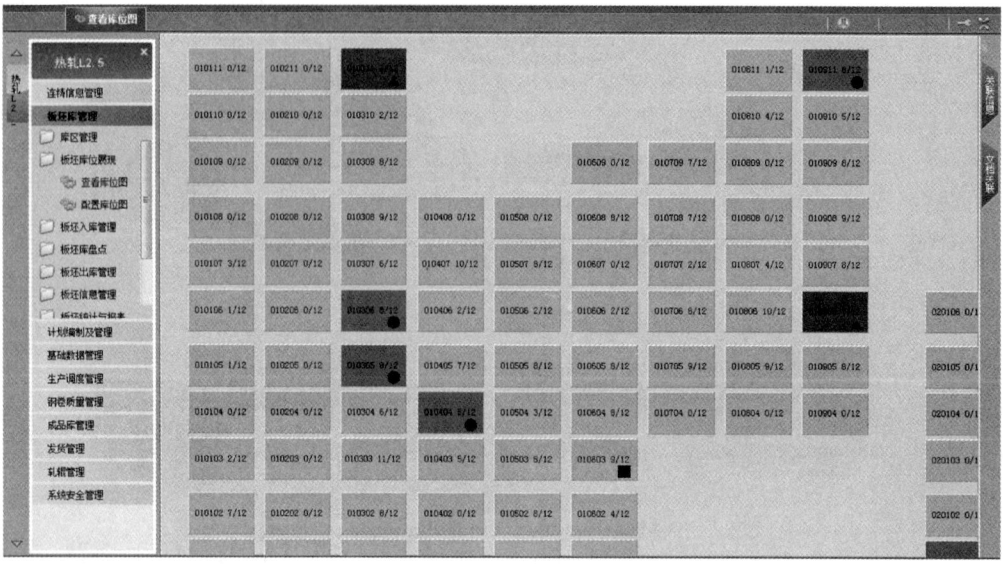

图 3-12 库位图查看界面

钢卷入库管理、钢卷出库管理、钢卷倒垛管理、钢卷质量管理、钢卷库存货分析、钢卷库盘点。钢卷库管理二级功能如表 3-3 所示。

表 3-3 钢卷库管理功能表

一级功能	二级功能
库区管理	钢卷垛位管理 钢卷垛位查询
钢卷库位展现	配置库位图 查看库位图
预入库钢卷管理	已放行轧制计划信息 预入库钢卷信息
钢卷信息	钢卷信息修正 在库钢卷信息查询
钢卷入库管理	钢卷入储 成品入储 钢卷返库
钢卷出库管理	钢卷出库
钢卷倒垛管理	库位移动管理
钢卷质量管理	钢卷质量封锁 钢卷质量释放 钢卷质量判定
钢卷库存货分析	
钢卷库盘点	

钢卷库管理的主要流程如图 3-13 所示。

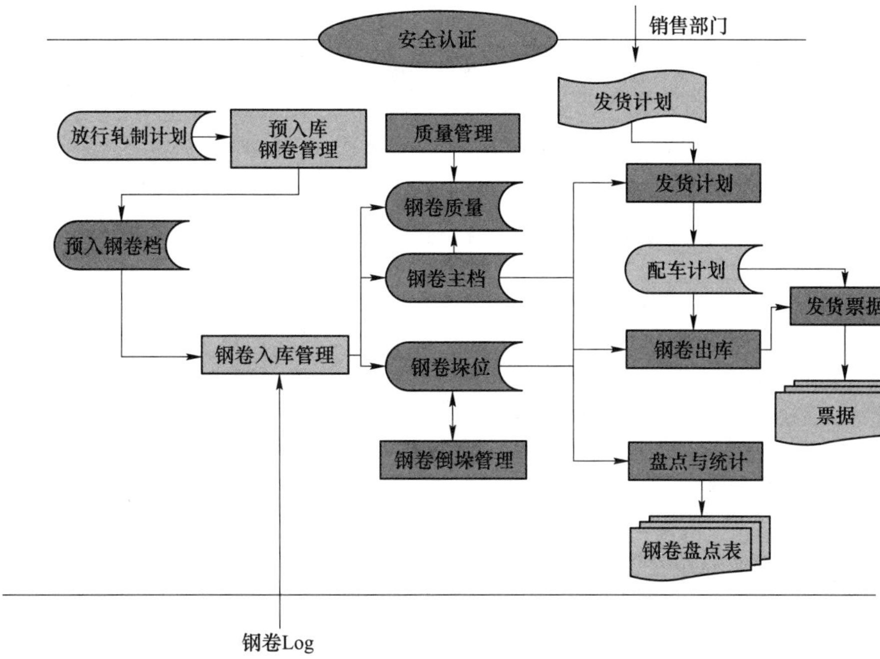

图 3-13　钢卷库管理主要流程

在钢卷库管理中，库区管理首先发挥了关键作用，它负责管理钢卷在仓库中的存放情况，包括钢卷垛位管理和垛位查询，确保钢卷的存放位置合理，能够快速找到并取出钢卷。钢卷库位展现通过配置和查看库位图，使管理人员能够直观了解仓库内部的库存状况，从而实时更新钢卷的库存信息，与生产调度系统对接，避免库存过剩或缺货的情况。预入库钢卷管理则是通过管理已放行的轧制计划信息和预入库钢卷信息，为库存管理和后续的调度决策提供重要依据，减少入库时的拥堵现象，提升入库效率。

钢卷信息管理则涉及对每一卷钢卷的详细信息进行维护，包括尺寸、重量、生产日期等，确保钢卷信息的准确性与时效性。信息修正和查询功能的结合有助于及时发现并纠正库存中的错误，避免在调度过程中出现冲突或误差。

钢卷的入库管理包括成品钢卷入库和钢卷返库操作，尤其在生产和运输过程中可能发生的退货或调整库位等情况中，返库管理显得尤为重要。成品入库管理确保了生产计划与实际库存的有效对接，避免仓库容量的浪费。

钢卷出库管理是库区管理的重要组成部分，涵盖了钢卷的出库流程和出库计划，确保钢卷能够及时、准确地送到生产线或发货部门。在生产调度中，出库管理功能与生产计划紧密配合，确保生产线所需钢卷的准时供给，避免因库存问题导致的生产停滞。同时，钢卷倒垛管理在生产需求变化时起到调整作用，通过库位移动管理，优化钢卷的存放位置，提高仓库空间的利用效率，并根据实时库存情况调整库区布局，避免不必要的库存积压。

钢卷质量管理在整个生产流程中至关重要，包括钢卷的质量封锁、质量释放和质量判定等。质量封锁功能确保存在质量问题的钢卷不会被错误地入库或出库，而质量释放则在钢卷质量合格后，确保其能够顺利出库。质量判定功能则通过实时的质量监控，对不合格钢卷进行隔离管理，确保只有符合标准的钢卷进入出库流程。

钢卷入库管理界面如图 3-14 所示。

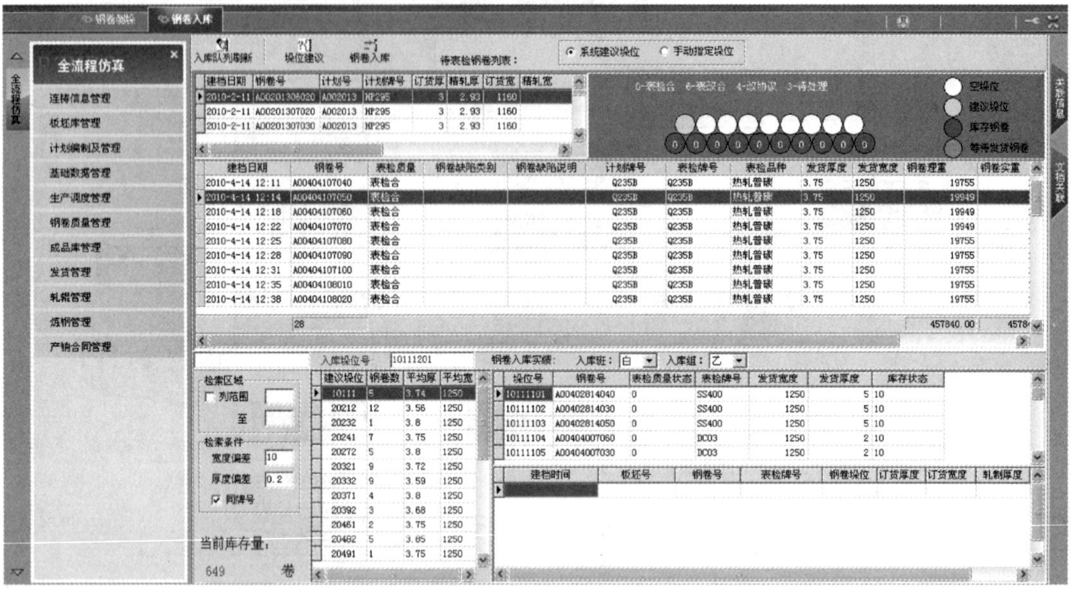

图 3-14　钢卷入库管理界面

3.3.3　发货管理

发货管理模块主要负责从客户信息记录、发货计划到发货执行，对发货流程的全面管理，实现发货流程的精细化管理，确保发货过程的准确性和高效性，优化物流资源配置，并提高客户服务水平。钢卷发货管理界面如图 3-15 所示，发货管理的主要功能如表 3-4 所示。

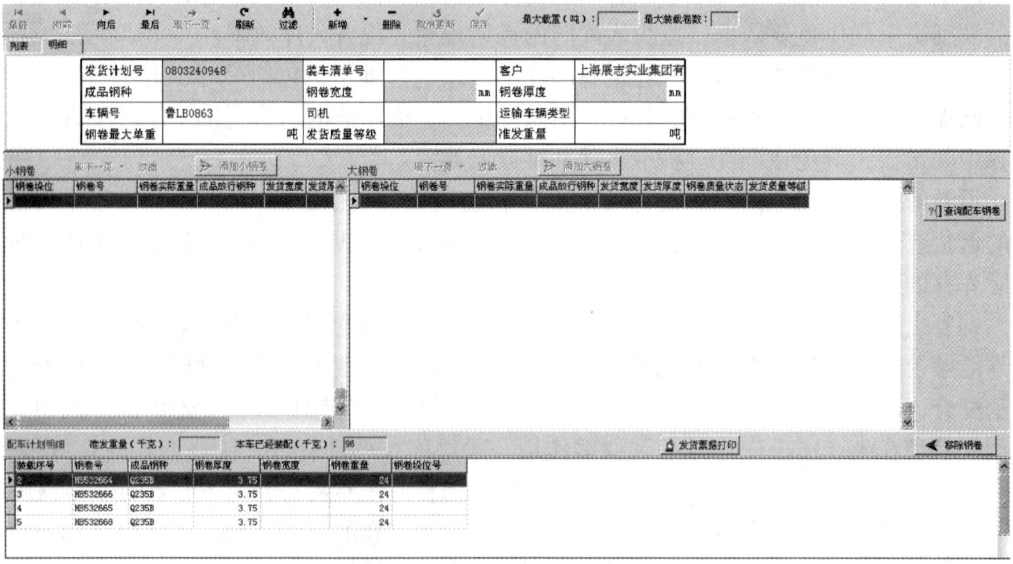

图 3-15　钢卷发货管理界面

表 3-4 发货管理功能表

一级功能	二级功能
客户信息管理	
装载限制管理	
发货计划管理	接收发货计划 发货计划显示 发货确认
配车管理	配车计划 发货实绩
标签打印	
发货票据管理	发货票据
发货统计	

客户信息管理中，系统记录客户的基本信息、发货地址和特殊需求等，确保每次发货都能够精确地对接到客户的具体要求。装载限制管理则是对钢卷装载时可能存在的重量、尺寸等方面的限制进行管理，以保证运输过程中的安全性和运输工具的合理利用。发货计划管理是整个发货管理的核心，包括接收、显示和确认发货计划。接收发货计划确保客户需求的及时获取，发货计划显示让管理人员清楚了解待发货的钢卷信息，而发货确认则保证了计划的准确性和执行的及时性。

配车管理负责根据发货计划安排合适的运输车辆，确保钢卷能够及时、高效地送达目的地。配车计划的制定需要结合库存、发货计划和物流资源，合理安排车次，避免不必要的等待时间和资源浪费。发货实绩则用于记录实际发货情况，确保与计划的一致性，并为后续的改进提供数据支持。

在发货管理中，标签打印和发货票据管理也是至关重要的环节。标签打印用于生成钢卷的出库标签，确保每一卷钢卷都能被准确识别和跟踪。而发货票据管理则涉及发货单、装箱单等相关文件的生成和管理，确保客户和供应链各方能够清楚了解发货的详细情况。发货统计则是对整个发货过程的数据进行汇总分析，包括发货量、发货时间、发货效率等指标，帮助管理层评估发货过程的效果，并做出进一步的优化决策。

3.4 其他功能设计

从系统整体规划和生产保障的角度，热连轧生产调度仿真系统还包含：钢卷质量管理、轧辊管理、通信管理、报表管理及安全管理等模块。这些模块的设置与优化，不仅有助于提升生产效率、保障产品质量，更能从宏观层面上支撑整个生产调度系统的高效运行，满足企业数字化、智能化发展的需求。

3.4.1 钢卷质量管理

钢卷质量管理模块负责对钢卷的质量数据进行记录、追踪和管理，确保每批次钢卷的质量状态可追溯并符合标准要求，为生产和销售提供可靠的质量保障。质量管理模块为生产和库存环节提供实时质量状态支持，合理安排资源和进行库存管理，避免因质量问题导致的退货和积压。该模块具备质量问题追溯功能，能够快速定位质量异常，降低质量风险，满足法规和行业标准要求，为产品认证和客户审核提供数据支持。模块中积累的大量质量数据也为企业的质量改进提供科学依据，有助于识别生产中的质量瓶颈并优化工艺，逐步提升产品质量。钢卷质量管理主要包含钢卷表检性能管理、检验结果通知单和取样结果等功能，钢卷质量管理界面如图 3-16 所示。

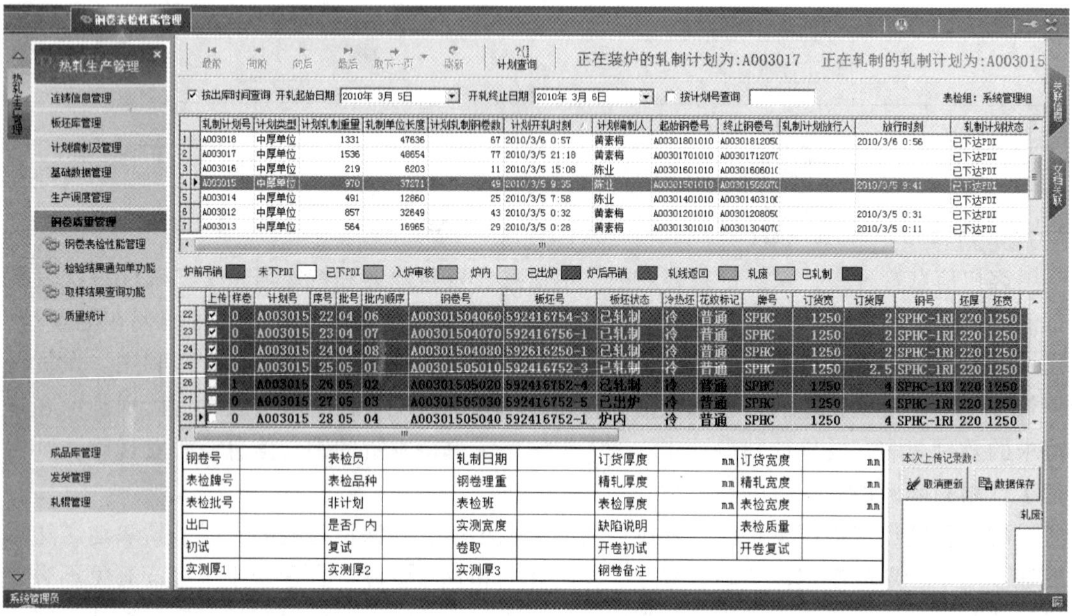

图 3-16 钢卷质量管理界面

3.4.2 轧辊管理

轧辊是热轧生产中重要的设备，轧辊的辊形和质量直接影响成品的表面平整度、尺寸精度等关键质量指标，为提高轧辊上机的计划性和产品质量，仿真系统包含轧辊管理功能。轧辊管理功能的应用不仅优化了生产计划，提高了轧辊使用效率，还减少了频繁更换和维修的成本，保障了热轧工序的顺畅进行。轧辊管理主要功能如表 3-5 所示，界面如图 3-17 所示。

表 3-5 轧辊管理功能表

一级功能	二级功能
轧辊基础信息维护	
轧辊质量判定	轧辊辊型测量结果输入 轧辊表面质量判定结果输入 轧辊报废处理
磨辊计划管理	磨辊计划查询 磨辊计划制定 磨辊计划调整与确认

续表 3-5

一级功能	二级功能
磨辊实绩维护	
配辊计划管理	设计参数管理 标准更新与优化 设计匹配
换辊 PDI 下达	
下达 PDI 信息查询	
轧辊历程信息	

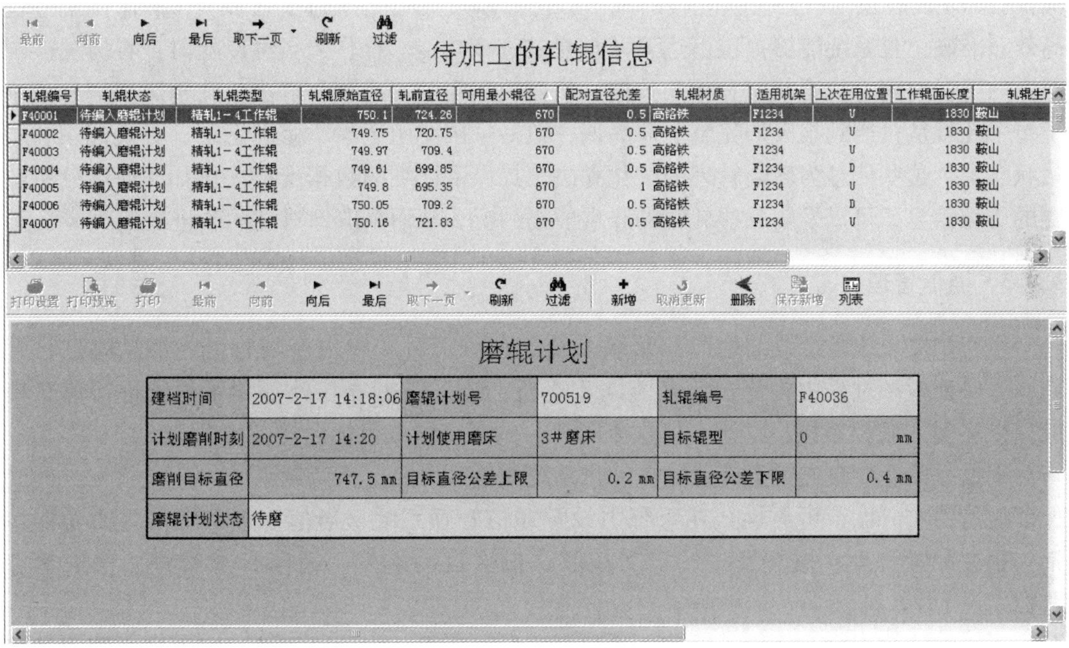

图 3-17　轧辊管理界面

轧辊基础信息维护功能主要负责记录和管理每一个轧辊的基本信息，包括轧辊的规格型号、材质、生产厂家、使用记录和寿命指标等。这些基础信息为后续的磨辊计划、配辊计划以及轧辊质量判定提供了可靠的数据支持。

轧辊的质量直接影响轧制产品的表面平整度和尺寸精度，质量判定是轧辊管理中的核心功能之一。辊形测量结果输入需要系统接收轧辊的辊形测量数据，并与标准辊形参数进行比对，判断是否符合使用要求。表面质量判定结果输入要检测轧辊表面是否存在划痕、裂纹或磨损等缺陷，并录入系统，作为轧辊质量状态的重要依据。轧辊报废处理功能对不符合使用标准且无法修复的轧辊进行报废标记，并触发后续采购或备用轧辊调度流程。

磨辊计划管理功能确保轧辊在使用一段时间后能够及时修磨，恢复其性能，延长使用寿命。磨辊计划查询提供当前所有待修磨轧辊的状态和优先级，便于管理者了解修磨需求。磨辊计划制定需要根据轧辊的使用记录、当前状态和生产计划，系统自动生成修磨计划，确保轧辊始终处于最佳使用状态。磨辊计划调整与确认需要在生产计划或轧辊状态发生变化时，系统支持对既定的磨辊计划进行动态调整，并由管理人员确认后执行。

磨辊实绩维护功能需要记录每一次轧辊修磨的详细信息，包括修磨时间、修磨量、修磨后状态等。这些数据用于分析轧辊的实际寿命和修磨效率，为后续轧辊管理和优化提供数据支持。配辊计划管理的目的是确保每次轧制前，所选用的轧辊能够满足生产需求并最大限度地提高轧辊的利用率。配辊计划查询功能是系统提供当前所有可用轧辊及其状态的信息，供生产人员参考。配辊计划制定根据生产工艺要求和轧辊库存状态，系统自动匹配最适合的轧辊组合，并生成配辊计划。配辊计划调整与确认在实际生产过程中，当轧辊状态或生产要求发生变化时，系统允许对配辊计划进行调整，并由管理人员确认后生效。

在生产线需要更换轧辊时，系统自动生成换辊指令（来自 PDI），并下发到相关操作岗位。PDI 内容包括所需更换轧辊的规格、位置以及更换操作的注意事项，确保换辊过程高效、准确。且系统能够提供下达 PDI 信息的查询功能。操作人员可以随时查看历史换辊指令的下发时间、执行状态和相关数据，从而便于问题的追溯和解决。轧辊历程信息记录了每个轧辊从投产到报废的完整生命周期，包括每次使用记录、修磨记录、更换记录和质量状态等。这些信息为轧辊管理的优化和决策提供了详细的数据支持。例如，通过分析轧辊的历程信息，可以发现某些轧辊的异常磨损情况，从而采取针对性的改进措施。

3.4.3　通信管理

生产调度系统是产线的生产控制级系统，它负责对产线生产的物流、信息流进行管理，为保证生产过程中物流、信息流同步运行，该系统需要与外部相关系统进行信息集成，以实现“管控衔接，物流、信息流同步”的系统建设目标。

根据目前企业自连铸至轧线的自动化系统配置，以及生产调度系统的建设目标，同时保证通信的实时性、可靠性，在系统中设置通信管理系统，通信管理系统的主要功能包括：报文配置管理、报文发送、报文接收、报文自动重发、通信日志管理、通信状态监控。

报文配置管理提供灵活的报文格式和参数配置功能，使系统能够适应不同系统间的数据传输需求，确保信息在跨系统传递时的准确性和一致性，支持复杂的通信需求。报文发送则负责将产线数据、物流信息等内容以报文的形式发送到其他相关系统，支持生产调度系统与外部系统间的实时数据共享，使生产数据能够在各系统之间高效传递，保证信息的准确同步。报文接收负责接收来自外部系统的报文，并将其内容快速传递到生产调度系统的相关模块，使其能够及时获取外部信息，实现系统间的协同控制，保证产线物流和信息流的同步运作。

报文自动重发是在网络波动或其他通信故障导致的报文发送失败情况下，系统会自动检测并重发报文，确保重要信息能够被可靠地传送，提升通信的稳定性和数据传输的可靠性。通信日志管理目的是对所有报文的发送、接收和重发等操作进行日志记录，便于跟踪和分析通信流程，帮助运维人员快速排查故障来源，提升系统维护效率和通信的透明度。通信状态监控是实时监测通信状态，包括报文发送、接收和处理情况，并在通信异常时发出报警，帮助系统管理员快速发现并响应通信问题，确保通信的连续性和系统的高效运行。

3.4.4　报表及安全管理

报表是管理和存档的重要工具，在产线生产控制中每天都会产生大量的报表用以进行指导生产和生产分析。报表管理的主要功能有：各类生产报表（如班报、日报、月报）、各类库存管理报表（如进、销、存报表）、报表打印、报表维护等。报表管理的功能如表3-6所示。

表3-6　报表管理功能表

一级功能	二级功能
板坯库报表	板坯库班报 板坯库日报 板坯库月报
成品库报表	成品库班报 成品库日报 成品库月报
生产调度日志	
轧线生产报表	生产班报 生产日报 生产月报
板坯库存货统计报表	
钢卷库存货统计报表	

生产调度系统负责整个轧线生产组织，其信息的准确性、可靠性将直接影响轧线的生产，为此应加强系统的安全性管理。访问系统的每个用户均应是合法用户，并且只能访问其获得授权的资源。安全管理系统的流程如图3-18所示。

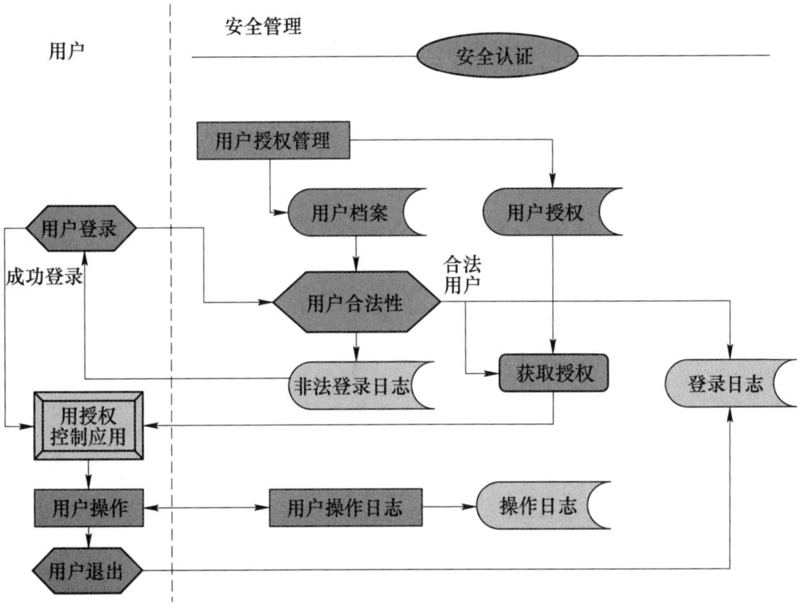

图3-18　安全管理系统流程

安全管理功能，通过组织机构建模、操作用户授权管理、用户操作日志管理和安全日志功能等多个层面的保障，确保了系统的访问控制、数据保护和操作监控。这些功能相辅相成，能够有效降低系统受到内部和外部威胁的风险，保证生产调度的正常进行，避免生产中断、数据损失和其他安全事故的发生，从而支撑整个轧线的高效、稳定运行。安全管理主要功能如表 3-7 所示。

表 3-7 安全管理功能表

一级功能	二级功能
组织机构建模	
操作用户授权管理	用户档案管理 用户授权管理
用户操作日志管理	用户操作日志
安全日志	非法访问日志

本章小结

生产调度系统位于轧线 L1 级和 L2 级系统之上，流程工业生产调度需要多工序联合统筹，因此本章涉及了炼钢—连铸的生产计划排程。高效的生产调度系统将使全流程工序紧密协同，生产效率大大提升，对钢厂智能化改造具有重要意义。本章首先介绍了生产调度系统的系统架构，对调度系统的架构和功能有了整体性的认识。接着介绍了数据管理及实时调度，然后讲解了库区及发货管理的设计，最后介绍了钢卷质量、轧辊、通信以及报表和安全管理的内容。

思考题

3-1 什么是生产调度系统，目前的生产调度系统有哪些特点？

3-2 请从炼钢—连铸—轧制三个工序联合的角度，描述生产调度系统的业务流程。

3-3 生产调度系统包含功能和模块众多，针对本章节讲述的内容，你认为其中最关键的是什么，为什么？

第 4 章 加热工序仿真

【导读】

加热工序是热连轧产线的起点，也是连接上游连铸和下游粗轧机组的“纽带”。因此它不仅要完成上下游工序信息的准确传递，还要为粗轧机组提供高质量的加热板坯。加热炉是产线的重要设备，其运行的稳定性直接关系到板坯加热的均匀性、生产效率以及能源利用率。在现代化生产中，加热炉不仅要满足严格的温度控制要求，还需实现节能降耗和环保目标。

要实现高精度的温度控制难度较大，加热是典型的复杂工业控制过程，具备复杂系统的所有特点，例如建模困难、干扰严重，多变量、时变、非线性、耦合、大惯性大滞后等。再加上高温、高尘的“恶劣”生产环境，导致执行机构（空燃气阀门、烧嘴、淬火喷嘴等）故障频发且尚未有耐高温、穿透表面氧化铁皮的炉内高温计精准测量物料表面温度，使得加热基本是“黑箱”式生产。因此，建立精准的数学模型实时预报炉内板坯的温度场，实现板坯温度场的“透视”，构建板坯温度场基础上的炉温智能优化模型是目前加热炉燃烧智能控制系统的有效解决方案。平台基于实际生产数据，建立板坯从装炉，经炉内加热，至出炉的全过程跟踪，在此基础上进行炉内板坯温度场的仿真及各段炉温的优化设定，实现不同工况、不同品规、生产节奏下模型各参数的优化。

本章首先从加热炉分类、结构以及加热炉控制的研究现状介绍了加热炉的发展，接着介绍了加热炉的基本控制功能（L1 级功能），在此基础上对加热炉控制系统的优化（L2 级功能）进行了详细描述。

【学习建议】

本章内容围绕加热炉工序仿真展开。学习者应在充分了解加热炉在热连轧产线的地位和作用的基础上，展开本章学习。充分了解热连轧加热炉的工作原理，掌握其基本控制功能以及智能优化算法，并借助仿真平台，实现模型参数和加热工艺制度的优化，巩固所学知识的同时能够将实践的最优成果推广至实际应用场景。

【学习目标】

1. 了解工业加热炉发展以及热连轧加热炉的工作原理。
2. 掌握加热炉基本的控制功能及加热炉控制系统优化实现算法。
3. 针对加热炉控制系统的瓶颈，如何创新寻求突破。

4.1 加热炉的发展

在热连轧产线中，加热炉的主要作用是将板坯加热到一定的温度，改变其可塑性，使其满足后续轧制要求。热连轧过程较为复杂，加热炉的加热过程对其后轧制流程和最终成品质量有着重要的影响，为了更好地控制板坯的温度，研究板坯加热过程的影响因素，需要对加热炉板坯加热工艺流程以及加热炉结构和加热方式有较为清晰的认知。

加热炉的发展历程可以追溯到工业革命时期，当时采用的主要是简单的煤火加热。随着钢铁工业的需求增长，加热炉逐渐从手工操作转向半自动化控制，以提高加热效率和温度的均匀性。20 世纪中期，加热炉技术逐步引入了燃油和燃气，进一步改善了加热速度和环境污染情况。

进入 21 世纪，随着能源价格上涨和环境标准日益严格，加热炉的发展加快向高效、节能和环保方向迈进。现代加热炉广泛应用了自动化和智能化技术，例如采用温度控制、燃烧优化、空气与燃料配比自动调节等，实现了更精准的加热控制，显著提高了能源利用率。此外，许多加热炉还采用余热回收系统和新型绝热材料，进一步降低了热量损失。

轧钢加热炉是钢铁生产中不可或缺的重要设备。在轧制前，板坯需要通过加热以有效降低其变形抗力并提高塑性，从而提升轧制工艺的质量与效率。衡量加热炉技术水平的关键指标包括：是否满足工艺要求、加热质量的高低、燃料消耗量、污染物排放量、氧化烧损的控制效果、自动化水平的高低以及对劳动强度的改善等。

作为能源消耗的主要设备，加热炉也是空气污染物的重要来源之一。据中国钢铁工业协会统计，2023 年钢铁企业热轧工序的能耗达到了 48 kgce/t，其中加热炉的能耗占据了热轧工序总能耗的 70%以上。尽管国内能耗水平整体已接近发达国家平均水平，但一些老旧、技术落后的炉型仍然存在高能耗问题，这表明加热炉在节能方面依然具有很大潜力。因此，推进加热炉的技术创新和升级，对实现钢铁行业的节能减排目标具有重要意义[16]。

未来，加热炉的技术发展将继续围绕低碳、清洁和智能展开。一方面，清洁能源（如天然气和电加热）将逐渐替代传统的燃煤或重油，以减少污染物排放。另一方面，人工智能和物联网技术将赋能加热炉的智能监控和数据分析，实现自适应控制和预测性维护，为钢铁企业提供更高效、更环保的加热解决方案。这一技术进步不仅有助于钢铁行业降低生产成本，还将在全球范围内推动工业可持续发展。

4.1.1　加热炉分类及原理

加热炉按加热方式的不同，通常分为周期性加热炉和连续式加热炉。连续式加热炉特别适用于带钢生产等连续性工艺，具有较高的生产效率，因此在实际应用中表现出色，成为主要的加热炉形式。在带钢生产过程中，板坯在连续式加热炉中不断从入口向出口移动，炉内会分阶段对每块板坯进行加热，直至其出炉[17]。

连续式加热炉可根据板坯在炉内的输送方式分为推钢式加热炉和步进式加热炉。推钢式加热炉中，板坯排列紧密，由推钢机将其推送前进，确保炉内始终有板坯存在。新板坯进入炉内，才能将加热完成的板坯从出炉口运出。而步进式加热炉相比推钢式加热炉具有更优的性能。首先，步进式加热炉可以调节板坯之间的间距，从而调整炉内板坯的数量，使得每块板坯能够均匀加热。其次，步进式加热炉避免了推钢式加热炉中的板坯拱钢和粘钢问题，减少了板坯表面缺陷如水梁黑印；其炉长限制较小，适用于各种形状的板坯，灵活性更强。此外，步进式加热炉的加热时间和步进周期可通过液压系统精确控制，从而优化了生产过程的自动化水平。

在步进式加热炉中，炉底可分为固定炉底和步进炉底，前者为步进底式加热炉；同样，炉梁可分为固定梁和步进梁，后者为步进梁式加热炉。步进梁式加热炉特别适用于钢料断面较大的工艺，利用水冷管组成的步进梁对板坯的上下表面进行加热。在实际加热过程中，步进梁载着板坯，通过与固定梁的配合，使板坯在炉内顺利移动。

入炉前，板坯根据轧制计划从板坯库送至加热炉的上料辊道，并依次进行称重、测长、测温等工序，最后送至区域管理计算机指定的炉门装料口，按炉内布料图进行定位。当炉内空间允许时，装料炉门开启，装钢机前移，在金属检测器处对板坯进行宽度测量。测量完成后，装钢机的装钢臂将板坯托起并放入炉内的固定梁上。此时，装钢机脱离板坯，保持板坯之间的适当间距，装料炉门关闭[6]。装钢机随后退回，进行下一轮装钢操作。

板坯入炉后，步进梁通过矩形运动轨迹将板坯按预定步进周期送至不同的加热段进行均匀加热。步进梁的运动轨迹包括不同速度的水平运动和升降运动，起始和结束时速度较慢，以减少对板坯的冲击。加热完成后，板坯达到轧制所需的目标温度，随即被运送至出炉口。在出炉端，激光检测和炉内坯料跟踪系统将板坯的精确位置信号传送至出钢机。当炉门完全打开时，出钢机将板坯托起并放入出料辊道的中心线，完成加热过程。之后，已加热的板坯通过出炉辊道送至粗轧部分，进行后续工艺处理[5]。

热连轧产线步进梁式多段加热炉工艺流程如图 4-1 所示。

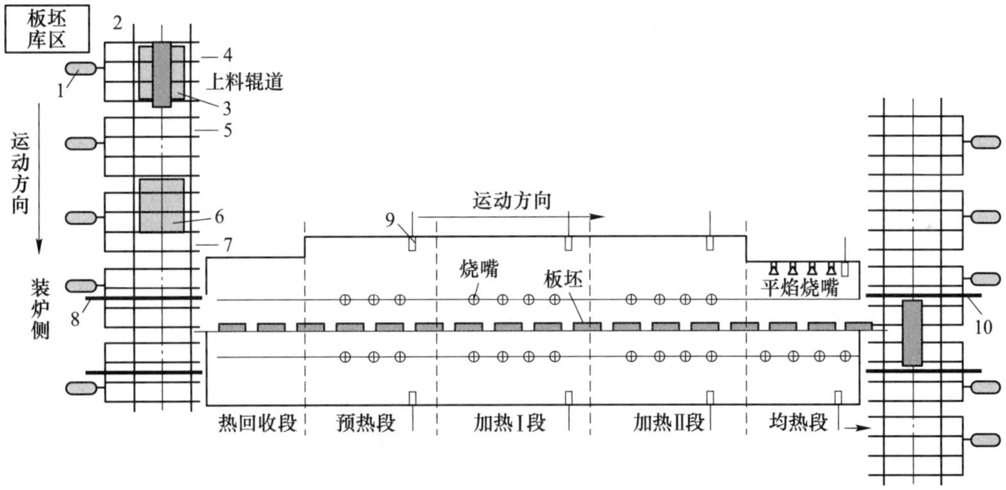

图 4-1 热连轧产线步进梁式多段加热炉工艺流程图

1—辊道电机；2—辊道；3—上料称重装置；4—激光检测器；5—识别摄像头；6—测宽测长装置；7—入炉测温仪；8—装钢机；9—热电偶；10—出钢机

4.1.2 加热炉结构及加热制度

加热炉结构可根据炉内的温度变化分为一段式加热炉、二段式加热炉、三段式加热炉以及多段式加热炉。一段式加热炉的加热方式较为简单，直接将板坯放入炉内进行加热，炉内温度变化较小。然而，这种加热方式会导致板坯断面温差较大，从而影响加热质量，并且综合能源利用率较低。二段式加热炉在一段式的基础上增加了均热段，在均热段中，板坯表面温度保持相对恒定，而中心温度逐渐升高，直到接近均热段的温度。均热段的加入有助于减小加热段加热后板坯断面温差的问题，但二段式加热炉的废气温度相对较高，导致了一定的能源损失。

三段式加热炉进一步优化了加热制度，增加了预热段。当板坯入炉后，首先进入温度较低的预热段进行加热，升温速度较慢，从而减小了温度应力。随着板坯温度升高至 500 ℃左右，进入塑性范围后，可以进行快速加热，直至达到目标温度。加热段结束后，板坯进入均热段进行均热处理，以减少快速加热过程中可能产生的表面与中心温度断面差异[18]。三段式加热炉既考虑了加热初期升温过快可能引发的温度应力问题，也有效减少了板坯表面和中心温度不均的影响。此外，预热段使用炉气加热，还能降低出炉废气温度，从而减少能源消耗。

图 4-2 所示为三段式步进加热炉的结构图。

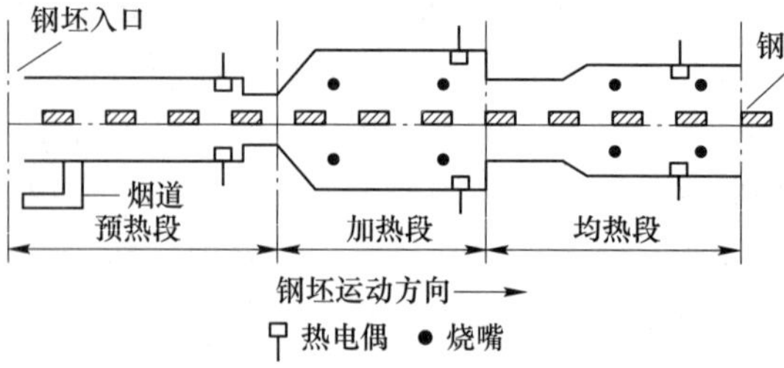

图 4-2 三段式步进加热炉结构图

预热段、加热段、均热段依次沿炉长分布，其中预热段中不设烧嘴，加热段和均热段均设有烧嘴。预热段长度较长，可以充分利用烟气对板坯预热，温度一般控制在 850~950 ℃。预热时速度较为缓慢，当板坯中心温度超过 600 ℃时其温度应力较小，此时提升加热速度，完成预热段的加热；板坯进入加热段后其表面温度快速提升，加热段在部分情况下分为加热一段和加热二段，其加热温度一般达到 1250 ℃左右，在这一阶段应该均衡控制升温速率，在尽可能降低板坯内外温差的同时缩短板坯在高温段停留的时间，以免氧化烧损过多[19]；均热段的温度一般为 1250~1300 ℃，经过均热段的加热，板坯内外表面的温差降低，目标温度达到出炉要求[5]。在加热炉各段的炉顶分别设置热电偶，检测及显示各段炉温。

在加热段和均热段，烧嘴在板坯上下的炉面均匀分布，其供热配比一般为：加热段 60%，均热段 40%。烧嘴可根据加热需要调节其打开与否，灵活控制各种板坯的加热过程。同时在加热炉中，通常配套有控制系统和一次检测仪表，及时监测和控制加热炉炉压、炉温和燃烧系统等，并采用计算机系统操作站监控全部生产过程，对生产过程的状况及时记录和调整保证生产的安全运行[20]。

4.1.3 加热炉控制研究现状

加热炉的过程控制，主要思路是在保证正常轧制的前提下，通过对加热炉的有效控制和监测，找到最佳的设定参数和设定温度，以降低能耗、提升产品质量。早期的轧钢加热炉研究主要聚焦在燃烧控制，由于加热炉系统较为复杂，其稳定性和加热质量会随工况和设定条件的变化而波动。最初的温度控制多依赖于各段操作工的经验进行设定值调节，误差较大，不同工况下产品质量难以保证，且具有较高的随机性。

随着技术的进步，加热炉控制中引入计算机控制，近年来，智能控制技术也逐步应用在加热炉过程控制中，从而能够动态感知炉况、工况及生产节奏，通过板坯物流跟踪、温度跟踪、炉温优化设定等模块实现以板坯温度为控制目标的优化控制，使得板坯以最佳的升温曲线加热到目标出炉温度，同时降低能耗和烧损。热连轧加热炉板坯跟踪流程如图 4-3 所示。

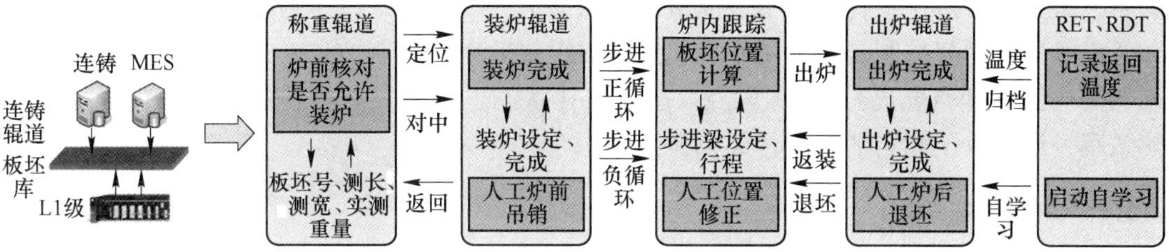

图 4-3 加热炉板坯跟踪流程图

加热作为热连轧产线的起始工序，其系统需接管连铸、MES 的板坯数据，向下游工序传递。同时，在上料辊道，加热炉控制系统将轧制计划与实际板坯一一对应，并准确跟踪其位置，为数学模型提供入口参数。综合校验 L1 级实时上传的检测信号，产生可靠的逻辑触发信号，调度各个模块协同运行。此外，加热炉区域板坯的流向有多种可能，如装炉后返回装炉辊道、出炉后返回炉内、炉内跟踪位置更改等，因此，跟踪系统需提供丰富的修正功能，遍历板坯流向的所有可能。

由于炉内高温、高尘的“恶劣”环境，除了埋偶黑匣子试验，目前并没有一种准确、可靠的温度计能在炉内穿透板坯表面的氧化铁皮，实时测量板坯表面温度。因此，为准确控制板坯的加热过程及出炉温度，保证加热过程的均匀性，需要对板坯在炉内的升温过程进行预测，即采用数学模型预报板坯在炉内每个时刻的温度分布，实现板坯温度场的“透视”。

基于精准的板坯温度场预测模型，实现炉温全自动设定。首先，针对各板坯建立基础炉温表，即炉温地毯图。综合考虑钢种、板坯厚度、宽度、成品宽度、厚度、装炉温度、目标温度、在炉时间等因素，通过离线优化得到最优升温过程和最优炉温。其次，基于实时生产数据采用大数据挖掘技术，构建动态感知炉况、工况的知识库，结合加热工艺和生产节奏，模拟板坯升温过程，反算达到目标加热工艺所需要的必要炉温，即每一单块板坯升温所需要的炉温，得到板坯的炉温在线优化曲线。最后，依据炉段内各板坯的位置、目标温度等要素设置其在段内权值，基于各板坯炉温在线优化曲线，给予不同权值，完成各段的炉温综合设定。

4.2 加热炉基本控制功能

在热轧生产中，加热炉的基本控制功能是指在 L1 级完成的部分，主要是确保板坯在进入轧机之前达到合适的温度，以优化其轧制性能。加热炉控制系统的关键功能可以概括为以下几个方面：炉温闭环控制、炉压闭环控制和空燃比自适应控制等。

炉温闭环控制是通过实时监测炉内温度，并根据预设的目标温度对加热过程进行自动调节，以确保炉温稳定在所需的范围内。这种控制方式基于反馈原理，系统通过温度传感器获取炉内实时温度，将其与目标温度进行比较，计算出偏差后，自动调节燃烧器的燃气和空气供应，以纠正温度偏差。

炉压自动控制用于调节和维持加热炉内部的压力平衡，确保炉内气体环境的稳定，以优化加热效果、减少热量损失并提高安全性。炉压控制通过实时监测炉内的压力，与预设的目标压力进行对比，自动调节鼓风机或排烟阀的开度，使炉内压力维持在理想范围内。

空燃比自适应控制是一种用于优化加热炉燃烧效率的控制方法，通过实时调节空气与燃料的比例（即空燃比），确保燃烧反应在最佳状态下进行。这种控制方式不仅提高了加热效率，还减少了燃料消耗和污染物排放。

4.2.1 炉温闭环控制

4.2.1.1 双交叉限幅 PID 控制

双交叉限幅控制是燃烧控制的常用方法，采用双交叉限幅控制，可以使燃料和空气的变化实现交叉式的增减，从而在动态过程中保持空燃比的基本协调一致。这种协调机制有效减少了能源损失，提高了燃烧效率，从而达到节省燃料的目标。目前国内大多数钢厂的燃烧工艺，如烧结机、热风炉、轧钢加热炉，其 L1 级系统采用双交叉限幅控制。双交叉限幅控制基本原理是串级控制+流量设定优选法，如图 4-4 所示[21]。

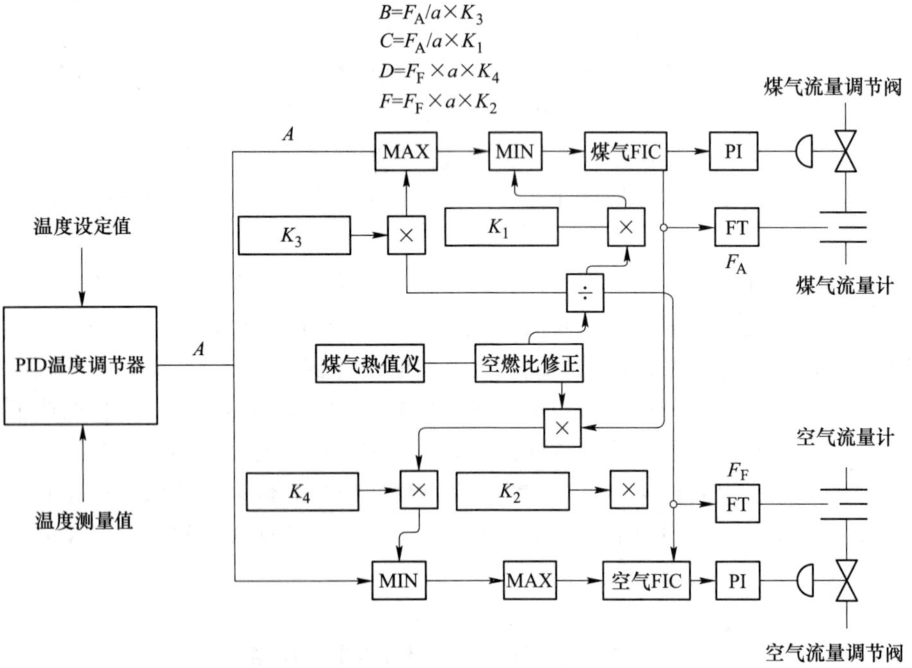

图 4-4 双交叉限幅控制逻辑图

PID 温度调节器的输入为温度设定值（℃）和温度测量值（℃）。输出为控制信号 A，实现煤气流量和空气流量调节。

根据输出控制信号 A 和相关系数，分别计算煤气和空气流量的设定值：

$$\begin{aligned} B &= F_A / a \times K_3 \\ C &= F_A / a \times K_1 \\ D &= F_F \times a \times K_4 \\ F &= F_F \times a \times K_2 \end{aligned} \tag{4-1}$$

式中，F_A 为空气流量测量值，Nm^3/h；F_F 为煤气流量测量值，Nm^3/h；a 为燃气热值修正系数，考虑燃气的实际热值；K_1、K_2、K_3、K_4 为调节系数无量纲，用于修正空气与煤气的比例和响应特性。

系统内的空燃比修正模块通过燃气热值仪实时监测燃气热值，动态调整修正系数 a，确保煤气和空气混合比例合理，从而提高燃烧效率。在实际运行中，当温度偏差较大时（如升温初期），PID 调节器会增大输出 A，优先提升煤气流量 F_F 以加速升温，并同步增加空气流量 F_A，保持空燃比协调，避免不完全燃烧。当温度接近目标值时，PID 输出逐步减小，通过减少煤气和空气流量实现稳态控制，防止超调。在遇到燃气热值波动等扰动时，空燃比修正模块可通过动态调整修正系数 a 补偿干扰影响，进一步提高系统的鲁棒性。

双交叉限幅控制具有以下几个优点[22]：

（1）系统在燃烧负荷增加或要求升温时，空气先行，煤气跟随；燃烧负荷降低或要降温时，煤气先行，空气跟随，达到防止黑烟污染环境和提高燃烧效率的目的。

（2）系统在调节的动态过程，保持空气/煤气的相互跟随关系，控制空气/煤气配比。

（3）系统在供风设备发生故障停风时，能自动关闭煤气调节阀，具有自保护功能。

4.2.1.2 炉温智能优化控制

在实际的加热炉生产过程中，由于工况波动较大，尤其是燃气热值和入炉板坯温度的不稳定性，会导致传统 PID 控制在运行中出现明显的超调问题，同时升降温速率较慢。这些问题使得 PID 控制难以满足生产需求，往往无法正常投入运行，不得不依赖人工手动操作。然而，这种人工操作方式会进一步导致加热温度波动幅度较大以及燃气燃烧过程的不稳定，难以实现理想的控制效果。为了解决上述问题，智能控制方法逐渐被引入到加热炉生产的过程控制中，并展现出良好的应用前景。

A 基于粒子群参数优化的炉温模糊控制

模糊控制器根据当前炉温偏差和偏差变化率，由模糊规则经推理得到燃气流量的变化量。其输入变量为炉温测量值与设定值的偏差 e 及其变化率 e_c，输出变量为燃气调节阀开度的改变量 Δu。

炉温偏差 $e \in [-20\ ℃, 20\ ℃]$；

论域为 $E = \{-7, -6, -5, -4, -3, -2, -1, 0, 1, 2, 3, 4, 5, 6, 7\}$；

模糊变量的词集选择为 {NB, NM, NS, ZO, PS, PM, PB}；

炉温偏差变化率 $e_c \in [-5\ ℃/s, 5\ ℃/s]$；

论域为 $EC = \{-4, -3, -2, -1, 0, 1, 2, 3, 4\}$；

EC 模糊变量的词集为 {NB, NS, ZO, PS, PB}；

燃气调节阀开度的改变量 $\Delta u \in [-5\ m^3/s,\ 5\ m^3/s]$；

论域 $\Delta U = \{-6,\ -5,\ -4,\ -3,\ -2,\ -1,\ 0,\ 1,\ 2,\ 3,\ 4,\ 5,\ 6\}$；

ΔU 模糊变量的词集为 {NB，NM，NS，ZO，PS，PM，PB}。

由于炉温调节对控制精度的高要求，在隶属度函数的设计中选择了形状陡峭的三角隶属度函数，以实现对炉温变化的高灵敏度控制。仿真结果表明，炉温偏差变化率仅在较大时才能有效反映出炉温的动态变化趋势。因此，控制增量与偏差之间具有更为紧密的关联，而偏差变化率则主要作为辅助参考变量提供支持。基于仿真数据的分析和归纳，总结得出了燃气流量控制规则表，如表 4-1 所示。

表 4-1　燃气流量控制规则表

EC	*E*						
	NB	NM	NS	ZO	PS	PM	PB
NB	PB	PB	PM	PS	PS	ZO	NS
NS	PB	PM	PM	PS	ZO	NS	NM
ZO	PB	PM	PS	ZO	NS	NM	NB
PS	PM	PS	ZO	NS	NM	NM	NS
PB	PS	ZO	NS	N	NM	NB	NB

注：*E* 为炉温偏差的论域；*EC* 为炉温偏差变化率的论域。NB 为负大，NM 为负中，NS 为负小，ZO 为零，PS 为正小，PM 为正中，PB 为正大，代表偏差的程度与方向。

设计的模糊推理规则及隶属度基于 Mamdani 模糊推理方法，并通过重心法进行解模糊，最终得到燃气调节阀阀门开度的变化量。由于加热炉运行过程中炉况会发生缓慢变化，因此设计的模糊控制器需具备一定的自适应能力。为此，引入粒子群优化算法，对模糊控制器的量化因子和比例因子进行优化，以满足其在实时性和自适应性方面的要求。

隶属度函数参数采用实数编码，可以构造染色体种群为：

$X = [x_1,\ x_2,\ \cdots,\ x_{N_p}]$，$N_p$ 为种群规模，个体 $x_i = [x_{i1},\ x_{i2},\ x_{i3}]$ 用于表征问题的解，每一位分别代表量化因子 k_e、k_{ec} 和比例因子 k_u。

同时，为获得满意的过渡过程动态特性，采用偏差绝对值时间积分性能指标，作为参数选择的最小目标函数。为了防止控制能量过大，在目标函数中加入控制输入的平方项。因此，加热炉燃烧过程的控制目标为：

$$F = \int_0^{\infty} (w_1 |e(t)| + w_2 u^2(t))\,dt \tag{4-2}$$

式中，$w_1 = 0.95$、$w_2 = 0.05$，表示两个部分的权重。

粒子群优化（Particle Swarm Optimizer，PSO）算法是 Kennedy 和 Eberhart 在 1995 年提出的，基于种群并行优化进化的计算方法，可用于解决非线性、不可微和多峰值的复杂优化问题。PSO 通过个体间的协作来寻找最优解，每个粒子被赋予一个随机速度并在整个问题空间中流动，粒子具有记忆功能，粒子进化是通过粒子之间的合作与竞争实现的[23]。其原理简单，实现方便，且对许多优化问题优化性能良好，可用于解决大量非线性、不可微和多峰值等优化问题。算法参数设置如下：惯性权重因子 ω 为 0.75，加速度因子 c_1、c_2 为 2，速度门限 v_{max} 为 20，反应每次迭代的调整量，单位为%/迭代次数。

B　空气流量的模糊控制

加热炉基于空气流量的模糊控制是一种智能化的控制方法，其核心在于通过模糊逻辑推理实现对空气流量的精确调节，以满足燃烧过程的动态需求。在加热炉运行过程中，空气流量的控制直接影响燃料燃烧效率、炉温稳定性以及能耗水平。然而，由于实际工况中存在燃气热值波动、炉温变化以及系统非线性等复杂因素，传统的 PID 控制难以应对这些动态变化，从而可能导致燃烧效率降低或能源浪费。

加热炉内燃气燃烧所需空气的控制，是通过空气调节阀来实现的，由残氧仪在线检测炉内含氧量，对加热炉燃烧状况进行检测。将空气含氧量的偏差 e' 和燃气流量的变化 Δu 作为输入，采用模糊规则控制，得到空气调节阀开度的改变量 $\Delta u'$。

空气含氧量偏差 $e' \in [-0.65\%, 0.65\%]$；

论域为 $E' = \{-3, -2, -1, 0, 1, 2, 3\}$；

模糊变量的词集选择为 {N，O，P}；

燃气流量的变化 Δu 见 A 节；

空气调节阀开度的改变量 $\Delta u' \in [-0.2\ m^3/s, 0.2\ m^3/s]$；

论域 $\Delta U' = \{-4, -3, -2, -1, 0, 1, 2, 3, 4\}$；

$\Delta U'$ 模糊变量的词集选择为 {NB，NS，ZO，PS，PB}。

由于对空气流量模糊控制的控制精度要求不高，在空气含氧量偏差 e' 的隶属度函数设计上，采用较为平缓的梯形隶属函数，实现平稳控制。

通过对仿真数据的总结，形成了如表 4-2 所示的空气流量控制规则表。

表 4-2 空气流量控制规则表

E'	ΔU				
	NB	NS	ZO	PS	PB
N	PB	PS	PS	ZO	NS
O	PB	PS	ZO	NS	NB
P	PS	ZO	NS	NS	NB

4.2.2 炉压自动控制

炉压的稳定控制对产品质量、能源消耗、设备使用寿命等诸多方面都有影响。若采用常规的 PID 控制器，炉膛压力过大，会导致炉头、炉尾冒火从而造成能源浪费；炉膛压力过小，会导致炉膛内吸入冷风，增加板坯氧化烧损，甚至导致炉膛温度分布不均而影响板坯加热质量。

加热炉燃料浪费的主要因素之一就是炉压控制不当，炉压太高使得加热炉使用寿命大大降低，而且由于炉膛口的高压作用，炉内的燃料会从炉门往外喷，同样会浪费大量的燃料。如果炉内负压太低，会从炉门、炉衬裂缝以及其他开口处漏入大量的环境中的冷空气，造成燃烧的浪费。

炉压主要反映燃料和助燃空气输入与废气排出之间的关系。燃料和空气由烧嘴喷入，而废气由烟囱排出，若排出小于输入时，炉压就要增加；反之，炉压就要减小。一般影响炉压的因素有以下两点：

（1）烟囱的抽力。烟囱的抽力是由于冷热气体的密度不同而产生的，一般，烟囱高度确定后，烟囱的抽力大小主要取决于烟囱内废气温度的高低。在实际生产过程中，若加热炉内热量高，炉气温度会随之升高，相应的烟囱抽力也随之增大，导致燃料燃烧放热产生的热量很大一部分通过排烟的方式损失了。

（2）烟道阻力。烟道阻力与烟囱抽力的方向相反，主要分为摩擦阻力和局部阻力。摩擦阻力是废气在流动时受到砌体内壁的摩擦而产生的一种阻力，其大小与砌体内壁的光滑程度、砌体断面面积大小、砌体长度和废气的流动速度等有关；局部阻力是废气在流动时因断面突然扩大或缩小等而受到的一种阻碍流动的力，其大小主要与水梁立柱、上部段压火墙和下部段挡火墙的面积有关[24]。

炉压的控制方式一般有直接炉压控制和间接炉压控制两种。

4.2.2.1 直接炉压控制方式

在加热炉的预热段、加热段和均热段都设有检测压力的装置，设置有微差压装置，通过压力变送器采集的压力信号，经过模数转换成数字量信号，反馈到控制器中，再经过控制器的运算，通过输出端来控制压力调节阀。压力调节阀采用电动蝶阀，因此，加热炉的炉压控制可以全部采用直接控制方式，即通过压力闭环控制炉膛压力。直接炉压控制系统框图如图4-5所示。

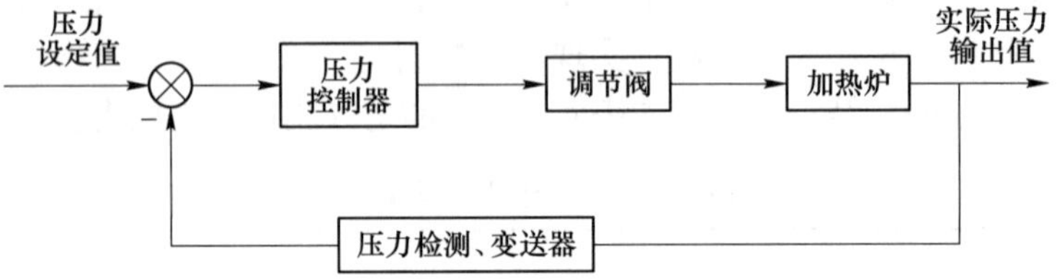

图4-5　直接炉压控制系统框图

为了保证炉膛的微正压状态，设定的压力范围是10~20 Pa，而加热炉的差压变送器的范围是−100~100 Pa，正好能够很好的保证调节炉膛压力范围。给定一个炉压设定值，通过压力检测装置得到的压力信号，进行对比，将信息送到压力控制器，通过调节阀的作用，可以很好的控制炉内压力。

4.2.2.2 间接炉压控制方式[25]

当排烟温度过高时，排烟温度控制成了主要矛盾，炉压控制则成了次要矛盾，此时需要通过控制烟温来控制炉膛压力。排烟温度偏高或偏低时，通过调节排烟阀的开口度其恢复到正常范围内，保证炉压的稳定。加热段的烟温通常在100~200 ℃范围内。通过排烟温度间接调节炉压的控制系统框图如图4-6所示。

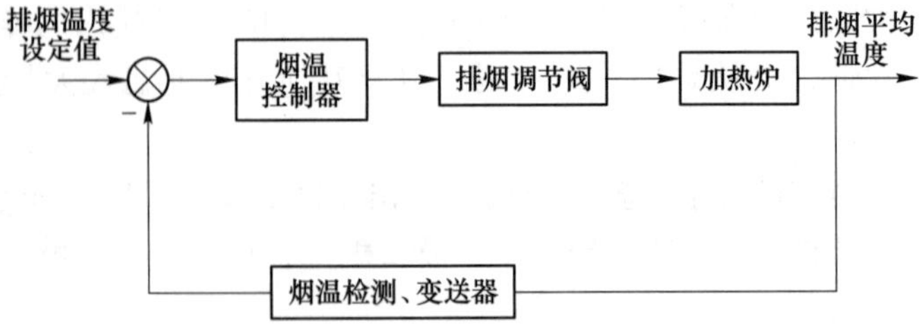

图4-6　间接炉压控制系统框图

排烟温度采用 12 个镍铬−镍硅热电偶来检测，将其温度数据的平均值作为排烟温度的设定值。

两种炉压控制方式选择的系统框图如图 4-7 所示。

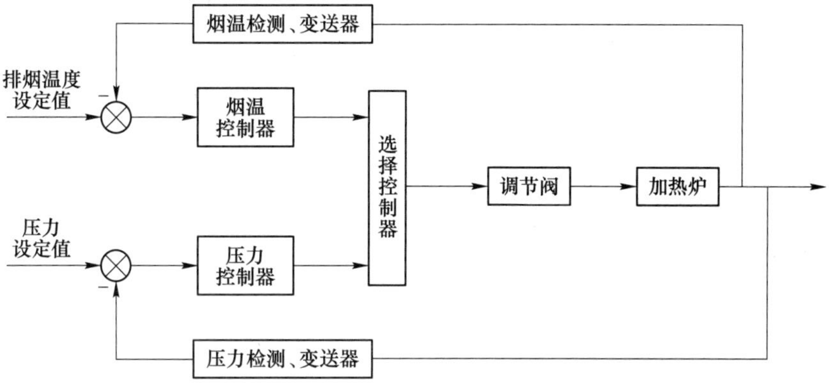

图 4-7　炉压控制方式选择框图

由图 4-7 可知，炉压控制器和烟温控制器共用一个调节阀。当检测到排烟温度超过 200 ℃时，此时烟温控制器则处于工作状态，而炉压控制器处于备用状态。当排烟温度在 100～200 ℃，选择炉压控制器直至炉压恢复到正常范围内，通过选择控制器根据炉压和烟温的变化自动切换，能够有效控制压力稳定在微正压。

炉压控制的程序流程图如图 4-8 所示。

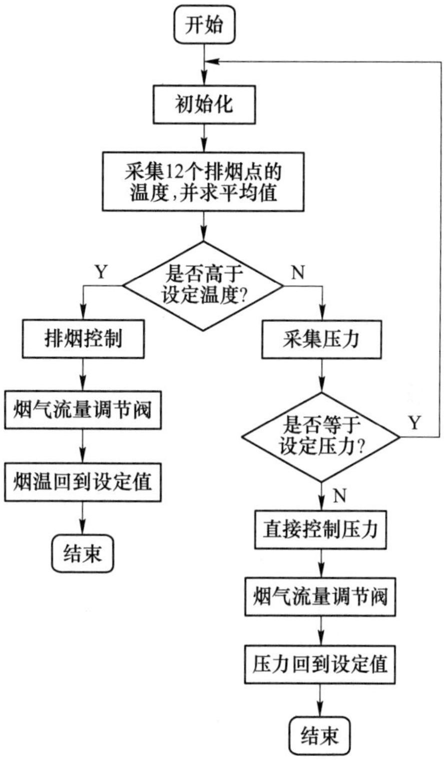

图 4-8　炉压控制程序流程图

4.2.3　空燃比寻优控制

空燃比是加热炉燃烧系统的重要参数，直接影响加热效率。当燃气的热值、成分或管道压力发生波动时，空燃比的变化会显著影响炉温的稳定性。因此，如何在动态工况下保持空燃比在合理范围内，成为确保燃烧过程稳定的关键问题。目前，许多钢铁企业普遍采用烟气含氧量反馈控制方法来调节空燃比，然而这种方法依赖氧化锆探头监测烟道中含氧量，但该探头属于消耗性设备，使用寿命一般为 6～12 月，且维护成本较高、维修工作量大，限制了其广泛应用。

为了解决这一问题，采用基于步进法的极值搜索算法，采用了空燃比自寻优控制策略，如图 4-9 所示。该策略旨在根据工况的变化，动态调整空燃比设定，从而应对燃烧条件的波动，提高燃烧效率和稳定性。步进法的搜索原理：设 α 是系统可控的参数，η 是控制指标。首先假设系统从 $D_1(\alpha_1,\ \eta_1)$ 点开始工作，每隔 T 时间走一步（即把可控的参数增加或减少 $\Delta\alpha$，每走一步就测量控制的指标 η 并且计算出差值，即 $\Delta\eta=\eta_{k+1}-\eta_k$。如，当 $\alpha=\alpha_2$ 时，$\Delta\eta=\eta_2-\eta_1$，当 $\Delta\eta$ 大于零时，则表示调节的方向是正确的，那么下一步就应按原来的方向进行调节。图 4-9 中，相应于 t_2，t_3，…，t_5 时，$\Delta\eta$ 均大于零，当 $\alpha=\alpha_6$ 时 η 为极大值，也就是到达系统所要求的最优指标，相应的 α_6 是可控参数 α 的最优值，如果继续向前，再增大一步，则 $\Delta\eta=\eta_6-\eta_5$ 小于零，计算机就发出相反方向的调节命令，下一步应按照相反的方向调节，即又回到 $\alpha=\alpha_6$ 最优值。这时，由于 $\Delta\eta=\eta_6-\eta_5$ 大于零，又按照原来的方向来调节，η 值由 η_6 降至 η_5，再次返找回去。假如系统的极点无漂移，那么它肯定徘徊在极值点的附近。其中，$\Delta\eta=\eta_6-\eta_5$ 是为寻找出最优的 α 指标而必须要付出的代价，我们称它为“搜索损失”。系统的极点一旦产生了漂移，重复以上搜索的过程，以此始终可以保证可控参数的值最优[26]。

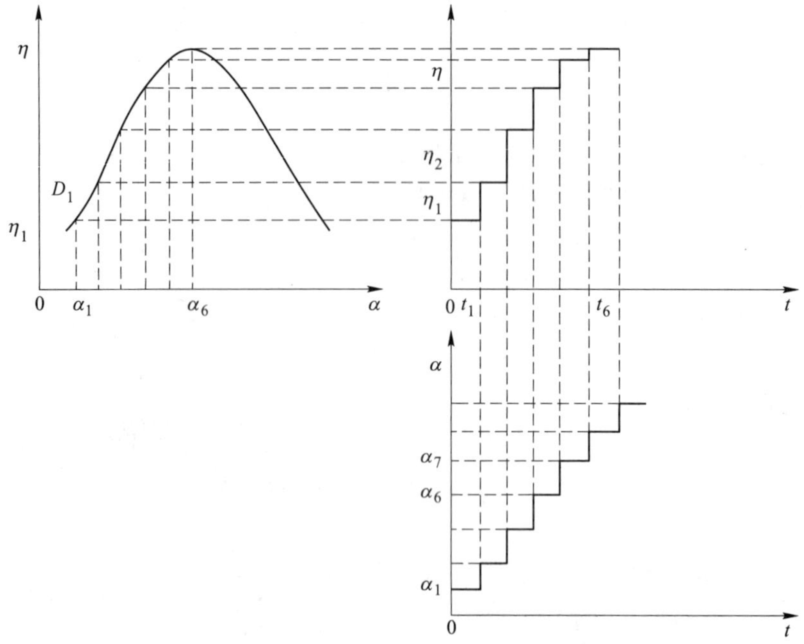

图 4-9　步进式搜索示意图

自寻优控制的应用条件：

（1）极值漂移。若燃烧的极值参数不发生漂移，则可以通过实验找到一个稳定的最优空燃比值并将其保持不变。但在实际运行中，极值通常会随着工况变化而发生漂移，因此需要自寻优控制动态调整。

（2）被控对象拥有极值。自寻优控制器需要通过寻找被控对象的极值来优化控制，如果被控对象没有显著的极值，则无法有效进行搜索和调整。

（3）控制参数可控。由于自寻优控制需要调节可控参数并通过其变化来判断最优值，如果所选的控制参数不可控或对控制指标影响不显著，系统将难以正常工作。

加热过程中当煤气给定值恒定时，空气供应不足会导致燃烧不充分，造成炉温上升缓慢；若空气供应过多，尽管燃烧充分，但也会引入大量冷空气，从而导致炉温上升缓慢。

只有在最优空燃比下，才能实现炉温快速的提升。因此，通过寻找升温最快的极值点，即可确定空燃比的最佳值。

然而，在燃气管道压力、燃气热值或空气管道压力波动的情况下，这一极值点会随之变化，使空燃比的最优值不再固定。因此，采用极值寻优法来实现加热炉燃烧控制系统的空燃比控制显得尤为重要。这种方法能够动态调整空燃比，以适应工况变化，从而保证加热过程的高效与稳定。

4.3 加热炉控制系统优化

加热炉控制系统的优化是核心环节，通过构建数学模型，实现对加热过程的精准控制、能耗管理和质量评价。加热炉系统不仅需满足严格的温度控制和高效燃烧要求，还要应对复杂的工况变化和实时优化需求。

4.3.1 板坯温度预报模型

板坯温度预报模型是加热炉控制系统优化的核心，由于无法精准测量炉内板坯的温度场分布，因此板坯温度预报模型实现了炉内板坯温度场的软测量。高精度的板温预报模型是炉温优化设定和能效评估的前提。

4.3.1.1 计算域的选取

板温预报模型采用传统的二维差分计算方法，取一小截面来代表整块板坯。通常，选取板坯厚度和宽度方向的截面，如图 4-10 所示。

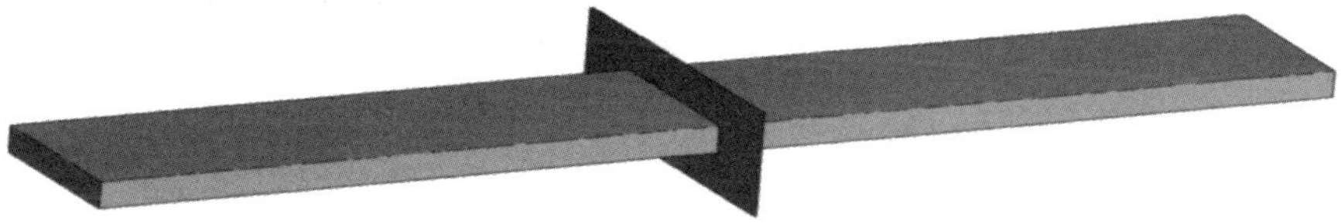

图 4-10 板坯宽度和厚度方向截面示意图

这种方式适用于炉底辊均匀分布，且板坯下表面不受水梁影响的情形。但热连轧产线中，加热炉为步进式连续加热炉，板坯下表面接触固定梁和步进梁（活动梁、水梁），并且时间较长，由此需要考虑水梁对板坯下表面的遮蔽作用，选用板坯长度和厚度方向的截面作为研究对象，如图 4-11 所示。

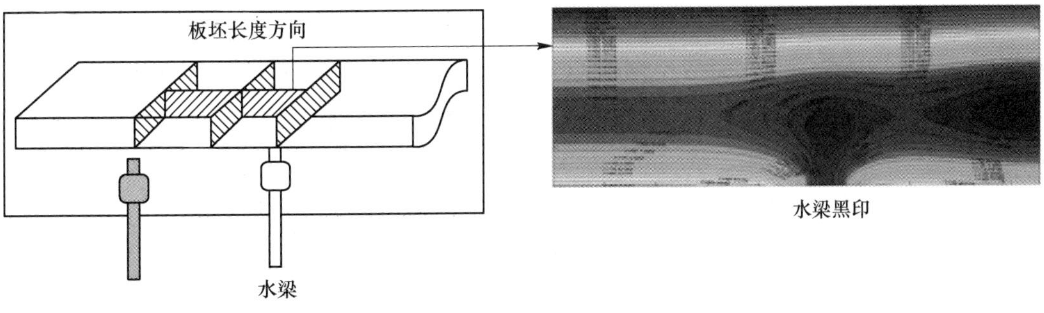

图 4-11 板坯长度和厚度方向截面示意图

板坯加热涉及燃料燃烧、气体流动和传热传质等复杂的物理化学过程，还受到炉膛尺寸、炉墙热特性、板坯热物性等各种因素的影响，而且这些因素互相耦合，很难用数学模型精准地进行描述，因此建模时须进行以下必要、合理的假设：

（1）假设炉温沿炉长方向分布，在固定炉长位置其炉温分布均匀，对板坯的加热作用也均匀，忽略炉温在各炉段入口和出口位置的温度误差。

（2）假设炉膛是一个封闭系统，炉壁内表面不吸收辐射，各炉段间不互相传热，无段间辐射。

（3）忽略沿板坯长度方向的导热。由于板坯间隙放置，因此，可将板坯的内部传热近似认为无限长坯上、下及两侧四面受热的二维非稳态导热，并认为两侧面的受热条件相同。

（4）假设板坯在加热炉内无体积变化，且在同一炉长位置的不同方向受热均匀，不考虑高温下板坯表面形成氧化层对其表面以及内部温度的影响。

（5）考虑板坯在同一炉段受热均匀且炉温变化较小，将同一段内的黑度系数、对流传热系数作为常数项。此外本平台采用分段总括热吸收率，各段内总括热吸收率相同。

（6）在加热炉加热过程中，计算周期内板坯在炉内匀速运动[27]。

基于上述假设，选取厚度、长度方向截面，可以构建截面的二维差分模型。热连轧加热炉固定梁和水梁一般在进入均热段会发生错位，这是为了减少氧化铁皮的产生，由于均热段温度较高，从炉体结构角度将固定梁和水梁错位后能有效降低高温段板坯的氧化铁皮。因此在选取计算域时需考虑到这种情形，图 4-12 是以某厂加热炉参数为例的计算域划分。

由图 4-12 可知，进入均热段后，固定梁数目不变，但发生错位，错位距离为 420 mm，中心线处增加一道活动梁。为了考虑水冷梁的热传导和遮蔽作用，根据加热炉水梁错和布料图，选取区域 2 和其对称区域 3 作为计算域。计算域 2 的边界，在预热段和加热段时，分别为左起第二根固定梁和第二根活动梁中心线，均热段时，左右边界距离第二根活动梁分别为 535 mm 和 420 mm。

计算域 2 的左右边界作如下假设：板坯位于预热段和加热段时，中心线处对称加热，因此可以看作绝热边界条件；位于均热段时，距离活动梁中心线较远，也可以近似认为是对称加热的绝热边界条件。计算域 3 与计算域 2 对称，边界的选取和假设相同。

4.3.1.2 计算域网格的划分

计算域网格划分如图 4-13 所示，其中计算域长 955 mm，厚 230 mm/250 mm。为了重点考虑黑印及遮蔽作用影响，选择 3 个区域划分了较密网格，其余部分成比例疏松。

网格划分如图 4-13 所示，区域 1、3，长度为滑块宽度的一半，设置 3 个网格；区域 2 处长度为滑块宽度全宽，设置 6 个网格；区域 1 右边界和区域 2 左边界之间设置等比例变化的 24 个网格；区域 2 右边界和区域 3 左边界之间设置等比例变化的 18 个网格；厚度方向上设置等高的 16 个网格。

二维非稳态导热方程为：

$$\frac{\partial}{\partial x}\left(\lambda \frac{\partial T}{\partial x}\right) + \frac{\partial}{\partial y}\left(\lambda \frac{\partial T}{\partial y}\right) = \rho c_{\mathrm{p}} \cdot \frac{\partial T}{\partial \tau} \tag{4-3}$$

式中，λ 为导热系数，W/(m·℃)；ρ 为密度，kg/m^3；c_{p} 为比热容，kJ/(kg·℃)。

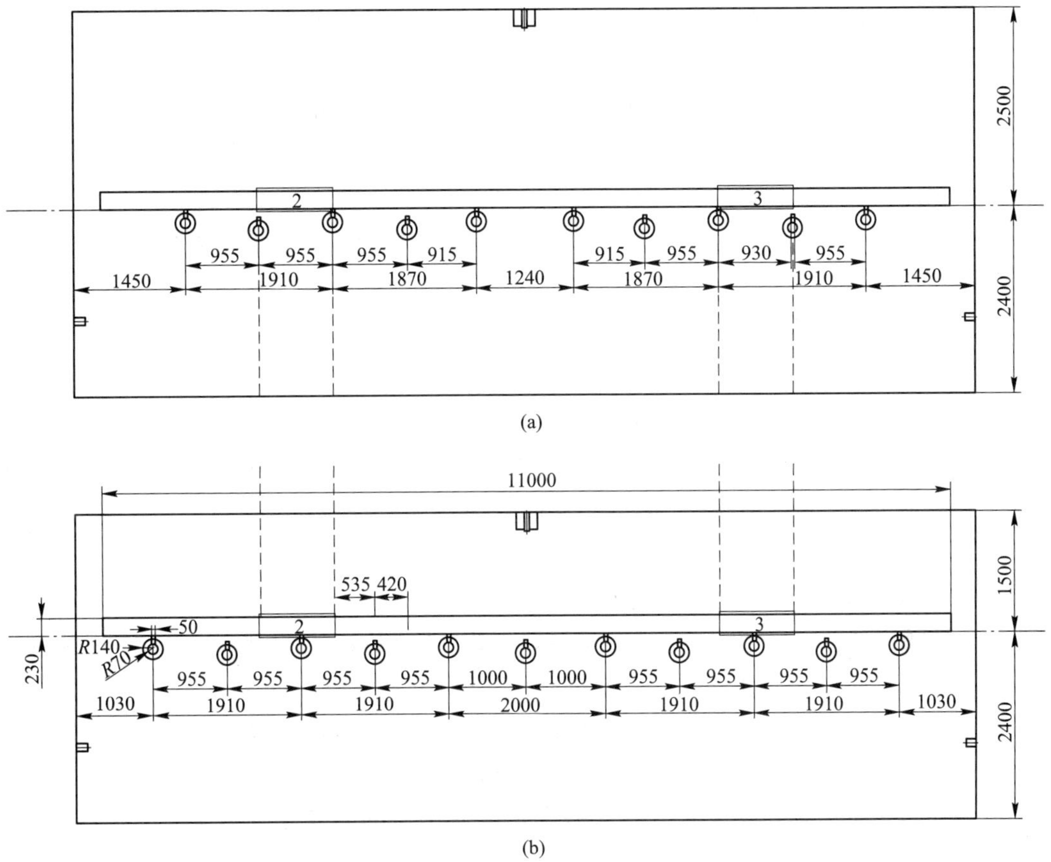

图 4-12　固定梁、水梁位置示意图

（a）预热段、加热一段、加热二段固定梁、活动梁位置简图；（b）均热段固定梁、活动梁位置简图

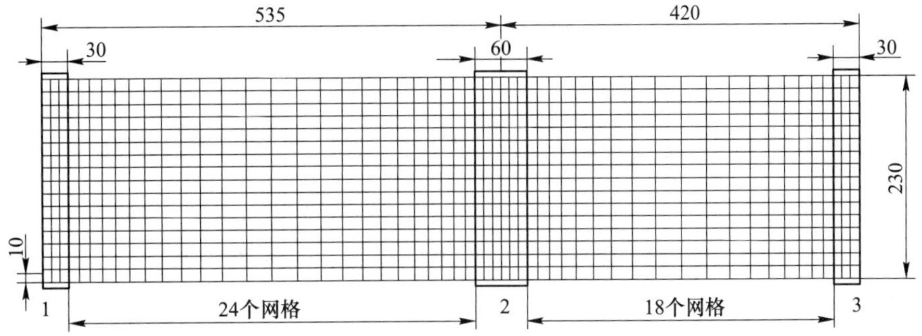

图 4-13　厚度 230 mm 时计算域 2 网格划分示意图

为了求解板坯温度场，需要确定其表面在加热过程中的热流密度变化。在加热炉内，板坯表面从外界获得的热量主要由三部分组成：由炉气通过辐射方式传递给板坯表面的热

量，由炉壁通过辐射方式传递给板坯表面的热量，由炉气通过对流方式传递给板坯表面的热量。为了计算板坯表面的综合热流密度，一般采用总括热吸收率法对计算公式进行简化，需要做如下的假设：

（1）板坯上表面为综合热流密度边界条件，其总括吸收率同一炉段内看作一个常数；

（2）板坯下表面滑块与板坯接触位置和活动梁遮蔽处，假设为热流密度边界条件，具体数值由黑匣子实验反算得到；

（3）板坯下表面其他位置处为综合热流密度边界条件，总括吸收率大小距离水梁位置不同遮蔽作用不同；

（4）计算域左右两侧皆可以看作对称绝热边界条件。

上、下表面综合热流密度边界条件热流计算公式为：

$$\dot{q} = \sigma\phi_{\mathrm{CF}}(T_{\mathrm{f}}^{4} - T_{\mathrm{s}}^{4}) \tag{4-4}$$

式中，$\dot{q}$ 为热流密度，$\mathrm{J/(m^2 \cdot s)}$；σ 为斯蒂芬-玻耳兹曼常数，$\mathrm{W/(m^2 \cdot K^4)}$；$\phi_{\mathrm{CF}}$ 为总括热吸收率；T_{f}^{4} 为实测炉温，℃；T_{s}^{4} 为板坯上表面温度，℃。

4.3.1.3 实测炉温分布模型

在计算板坯温度场时，还需要确定板坯所在位置的实测炉温，以某场景具体加热炉为例进行实测炉温的分布模型的描述。如加热炉有效炉长 59 m，热电偶测温孔位置分别在距离入炉端 11375 mm、19420 mm、28780 mm、42150 mm、54500 mm 处。

根据炉内热电偶位置对炉温进行线性插值，插值方法：各段测温孔之间炉温采用线性插值处理；均热段测温孔至出炉端之间按均匀炉温处理；热回收段测温孔至入炉端之间按预热段至热回收段炉温连线延长处理。假设热电偶测得的温度分别为 T_1、T_2、T_3、T_4、T_5，则插值公式为：

$$T_{\mathrm{f}} = \begin{cases} T_1 + \dfrac{T_2 - T_1}{8045} \cdot (x - 11375) & 0 \leqslant x < 19420 \\ T_2 + \dfrac{T_3 - T_2}{9360} \cdot (x - 19420) & 19420 \leqslant x < 28780 \\ T_3 + \dfrac{T_4 - T_3}{13370} \cdot (x - 28780) & 28780 \leqslant x < 42150 \\ T_4 + \dfrac{T_5 - T_4}{12350} \cdot (x - 42150) & 42150 \leqslant x < 54500 \\ T_5 & 54500 \leqslant x < 59000 \end{cases} \tag{4-5}$$

式中，T_{f} 为板坯在该位置处的炉温，℃；x 为热电偶位置，mm；T_1、T_2、T_3、T_4、T_5 分别为各段热电偶的实测温度，℃。

炉温插值曲线示意图如图 4-14 所示。

板坯温度计算模型程序流程图如图 4-15 所示。

当按照时间步长完成加热总时间内的所有计算时输出结果。板坯温度预报模型仿真界面如图 4-16 所示[28]。

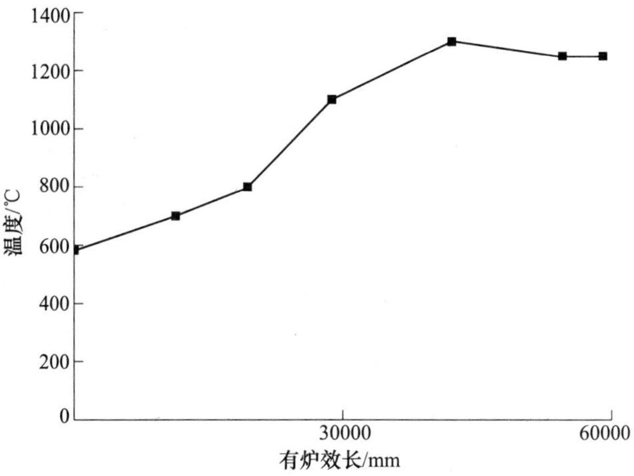

图 4-14 炉温插值曲线示意图

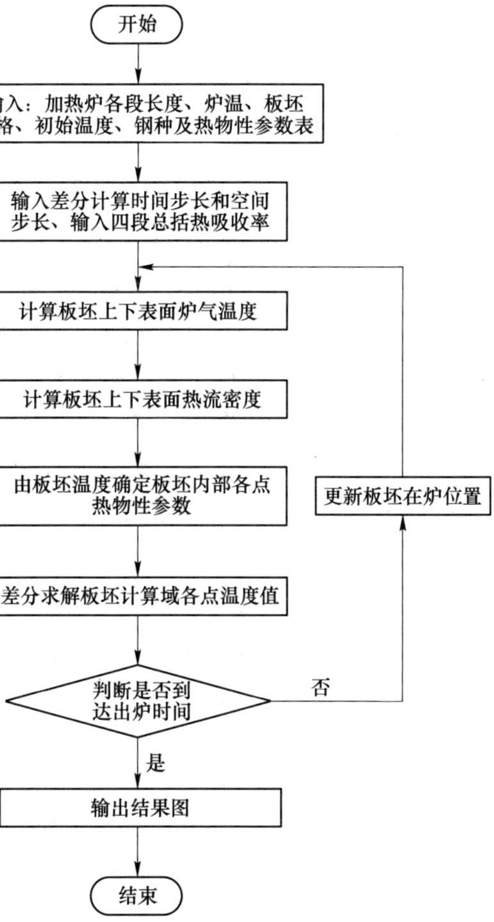

图 4-15 板坯温度计算模型程序流程图

钢坯信息
仿真功能
优化功能
帮助信息
钢坯信息
材质 低碳钢 中碳钢 高碳钢 低合金钢 高合金钢 自定义物性
厚度 230 mm 入炉温度 20 ℃
热物性表
温度(℃) 热导率(W/m.℃) 密度(Kg/m3) 比热容(KJ/Kg.℃)
0 56.351000 7865.048281 481.104530
100 54.536600 7838.722162 501.727284
200 52.265965 7809.707248 523.507103
300 49.461002 7778.044358 548.400857
400 46.068041 7743.777784 581.674936
500 42.100806 7706.955410 637.502439
600 37.709244 7667.692602 754.026490
700 33.261469 7629.506575 1033.899187
800 29.383087 7618.845494 991.975934
重置默认
保存修改

(a)

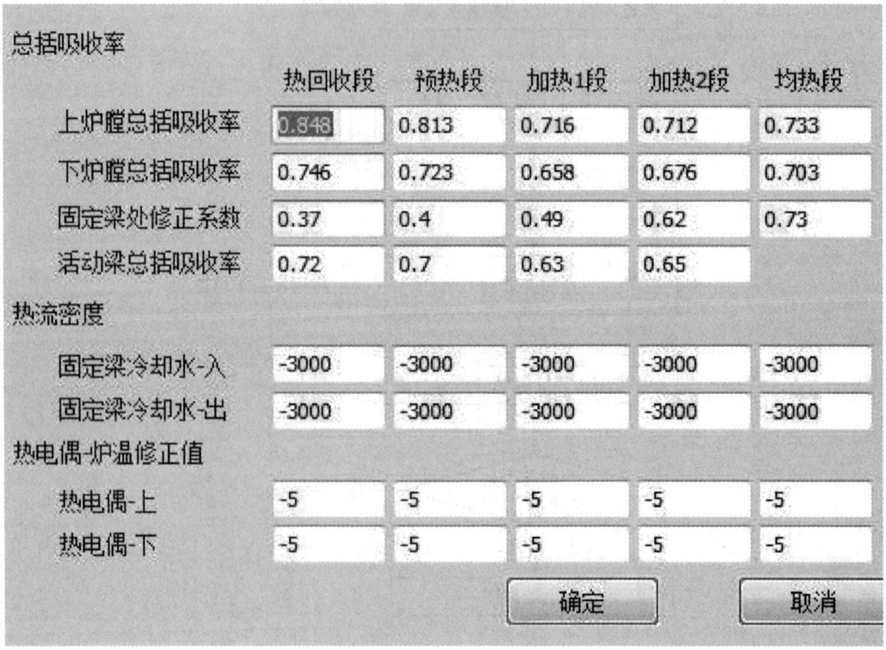
总括吸收率
热回收段 预热段 加热1段 加热2段 均热段
上炉膛总括吸收率 0.848 0.813 0.716 0.712 0.733
下炉膛总括吸收率 0.746 0.723 0.658 0.676 0.703
固定梁处修正系数 0.37 0.4 0.49 0.62 0.73
活动梁总括吸收率 0.72 0.7 0.63 0.65
热流密度
固定梁冷却水-入 -3000 -3000 -3000 -3000 -3000
固定梁冷却水-出 -3000 -3000 -3000 -3000 -3000
热电偶-炉温修正值
热电偶-上 -5 -5 -5 -5 -5
热电偶-下 -5 -5 -5 -5 -5
确定
取消

(b)

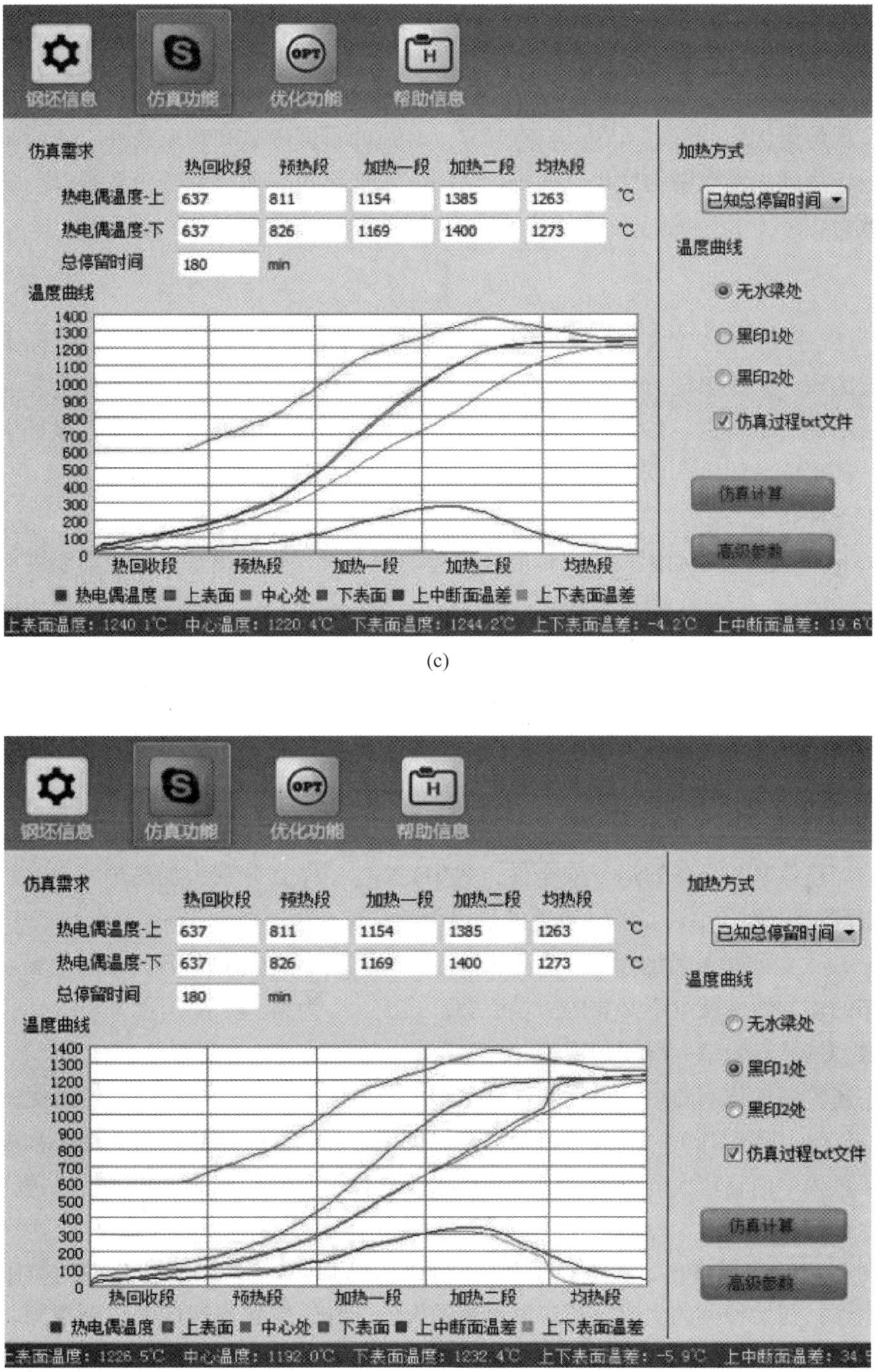

(c)

(d)

图 4-16　板坯温度预报模型仿真界面

（a）热物性参数；（b）模型系数；（c）无水梁处板温仿真曲线；（d）黑印处板温仿真曲线

4.3.2 炉温智能优化模型

炉温优化的核心是在确保加热板坯符合质量要求的前提下，寻求最优的炉温控制策略。除了明确优化算法外，还需要建立相应的目标函数。目标函数的选择及约束条件的设定，是实现炉温优化的关键所在。只有确立了合适的目标函数和约束条件，才能将优化算法有效地应用到炉温控制的优化过程中，从而实现加热效率和质量的全面提升。炉温优化目标函数为：

$$\min J = \int_0^s T_f(s)\,ds \tag{4-6}$$

式中，s 为步进式加热炉的炉长，m；$T_f(s)$ 为沿炉长方向的炉温分布，℃。该目标函数是炉温对炉长的积分，在确定的节奏下，板坯以匀速前进的情况下，可以有效衡量板坯从入炉到出炉所消耗的燃料量。在满足约束条件的前提下，该积分值越小，表明在保证生产质量的情况下，更能节约生产成本和降低能耗。

约束条件如下：

（1）出炉时板坯表面温度与目标温度之差的限制确保板坯出炉时的表面温度能够满足轧制工艺的要求，保证生产质量稳定，即 $|T_{out} - T^*| \leqslant \Delta T_{out}$，式中，$T_{out}$ 为板坯出炉时刻的表面预测温度，℃；T^* 为板坯出炉的目标温度，℃。

（2）出炉时板坯最大断面温差的限制 $|T_{out} - T_{in}| \leqslant \Delta T_s$。限制板坯截面内的温度均匀性，避免过大的温差导致质量问题，如内应力过大或加热不均，式中，T_{in} 为板坯中心预测温度，℃；ΔT_s 为出炉时刻允许的最大断面温差，℃。

（3）加热炉内某点的最大与最小炉温限制 $T_{fimin} \leqslant T_{fi} \leqslant T_{fimax}$。防止局部炉温过高或过低，影响加热效率和设备的运行安全性，式中，T_{fimin}、T_{fimax} 分别为加热炉第 i 点处的最低炉温和最高炉温值，℃；T_{fi} 为第 i 点处的炉温值，℃。

（4）最大段间炉温差的限制 $|T_{fi} - T_{f(i+1)}| \leqslant \Delta T_f$。控制加热炉各段之间的温差，保证热量分布的均匀性，减少不必要的能量浪费，式中，T_{fi} 为第 i 段的炉温，℃；$T_{f(i+1)}$ 为第 i+1 段的炉温，℃；ΔT_f 为最大段间炉温差，℃。

在上述炉温优化问题中，目标是在满足约束条件的前提下，寻找到一组最优的参数值（T_{f1}、T_{f2}、T_{f3}、T_{f4}、T_{f5}）。然而，由于加热炉优化目标函数具有高度复杂性，常规优化方法在求解过程中面临较大的困难。因此，采用改进粒子群优化算法（VPPSO）进行求解。

炉温最优控制的流程框图如图 4-17 所示。

从图 4-17 中可以看出，改进粒子群优化算法（VPPSO）在炉温优化中的应用包含以下关键步骤：初始种群的生成、适应度函数的设计、粒子位置与速度的更新规则，以及算法终止准则的设定。下面将对这些环节进行详细论述。

4.3.2.1 初始种群的生成

由于智能优化算法 VPPSO 需要通过群体协同操作完成迭代优化，必须为算法提供一个由若干初始解构成的初始种群。在优化计算中，炉温优化问题的种群规模设定为 20。初始种群的生成过程采用随机数生成函数（rand），通过生成介于 0 到 1 之间的随机数来初始化每个粒子的位置和速度。通过这种方式，可保证种群的多样性，为后续的优化迭代提供充分的搜索空间。

4.3.2.2　适应度函数的确定

变种群粒子群优化算法在搜索和进化过程中，一般不依赖于外部的额外信息，仅通过适应度函数来衡量个体或解的优劣。适应度函数是执行其他操作的关键依据。具体来说，个体适应度最优的粒子被视为该个体的最优解，在所有炉温粒子中，适应度值最优的粒子被认为是全局最优解，而适应度最差的粒子则会被淘汰。在粒子群优化过程中，这些适应度值将直接影响粒子的位置和速度的更新，以及粒子的生成与淘汰策略。

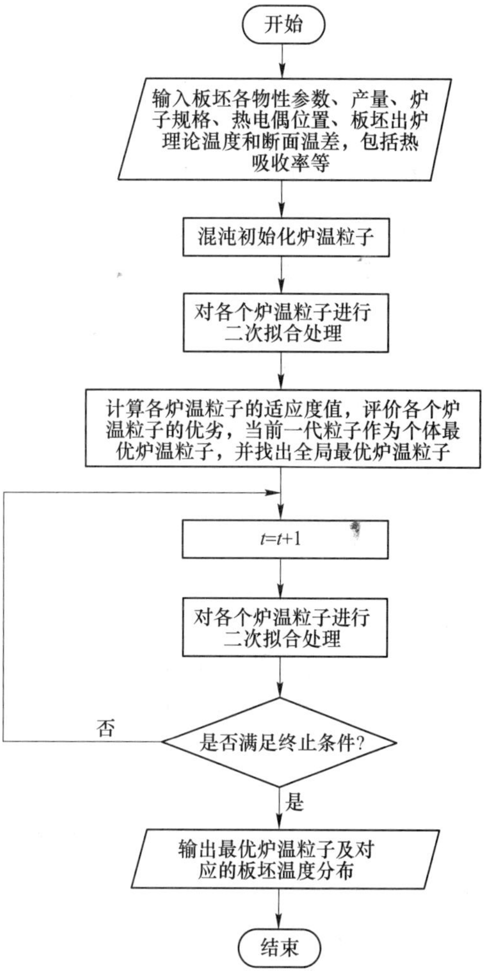

图 4-17　炉温最优控制流程图

基于目标函数为炉温对炉长的积分，为便于数值计算，采用适当的简化和离散化方法，以便在实际应用中进行有效求解。在 $[0,\ s]$ 中可以加入若干个差分点 $0=s(1)<s(2)<\cdots<s(n)<s(n+1)=s$，把区间 $[0,\ s]$ 分成 n 个小区间 $[s(1),\ s(2)]$，…，$[s(n),\ s(n+1)]$。在每个小区间 $[s(i),\ s(i+1)]$ 上取一点 $s(i)$，作函数值 T_{fi} 与小区间长度的乘积 $T_{fi}\Delta s$ 并求和，将目标函数转化成如下形式：

$$\min J=\int_{0}^{s}T_{f}(s)\,\mathrm{d}s=\min\sum_{i=1}^{n}T_{fi}\Delta s \tag{4-7}$$

适应度函数与目标函数密切相关，定义如下适应度函数：

$$F=-\left(\sum_{i=1}^{n}T_{fi}\Delta s+\sum_{i=1}^{2}w_i\left|T_{fi}-T_{f(i+1)}\right|+w_3\left|T_{out}-T^{*}\right|+w_4\left|T_{out}-T_{in}\right|\right) \tag{4-8}$$

$$w_i=\begin{cases}10000, & \left|T_{fi}-T_{f(i+1)}\right|>\Delta T_f\\ 0, & \text{another}\end{cases} \tag{4-9}$$

$$w_3=\begin{cases}10000, & \left|T_{out}-T^{*}\right|>\Delta T_{out}\\ 0, & \text{another}\end{cases} \tag{4-10}$$

$$w_4=\begin{cases}10000, & \left|T_{out}-T_{in}\right|>\Delta T_s\\ 0, & \text{another}\end{cases} \tag{4-11}$$

式中，F 为算法中的适应度函数；T_{fi} 为第 i 点处的炉温值，℃；T_{out} 为板坯出炉时刻的表面预测温度，℃；T_{in} 为板坯中心预测温度，℃；T^{*} 为板坯出炉的目标温度，℃。

由于优化算法计算中通常是求解最大化问题，而目标函数为最小化问题，因此在公式中加入负号。此外，引入后续三项并附加至 w_4 权重，旨在将目标函数的几个约束条件整合到适应度函数中，以确保在优化过程中淘汰不符合约束条件的炉温粒子。

4.3.2.3　粒子位置和速度的更新

当粒子越过上边界或下边界时，将其位置值调整为相应的上边界或下边界值，以确保粒子始终保持在可接受的范围内。

4.3.2.4　终止准则

粒子群优化算法通过不断地迭代，从一代进化到下一代，直到满足某一终止准则。常用的终止准则包括指定的最大进化代数，或者种群的收敛判断。当种群中个体之间的差异总数小于指定的阈值时，算法终止。另一种终止策略是在指定的进化代数内，若最佳解没有改进，算法也会终止。在炉温优化计算中，采用指定的最大迭代次数为 300 代，作为终止准则。

4.3.2.5　输出最优炉温粒子（T_{f1}、T_{f2}、T_{f3}、T_{f4}、T_{f5}）

炉温智能优化模型仿真界面如图 4-18 所示，其中板坯的原始数据、物性参数及总括热吸收率等参数等同板温预报模型的仿真界面，不再列出。

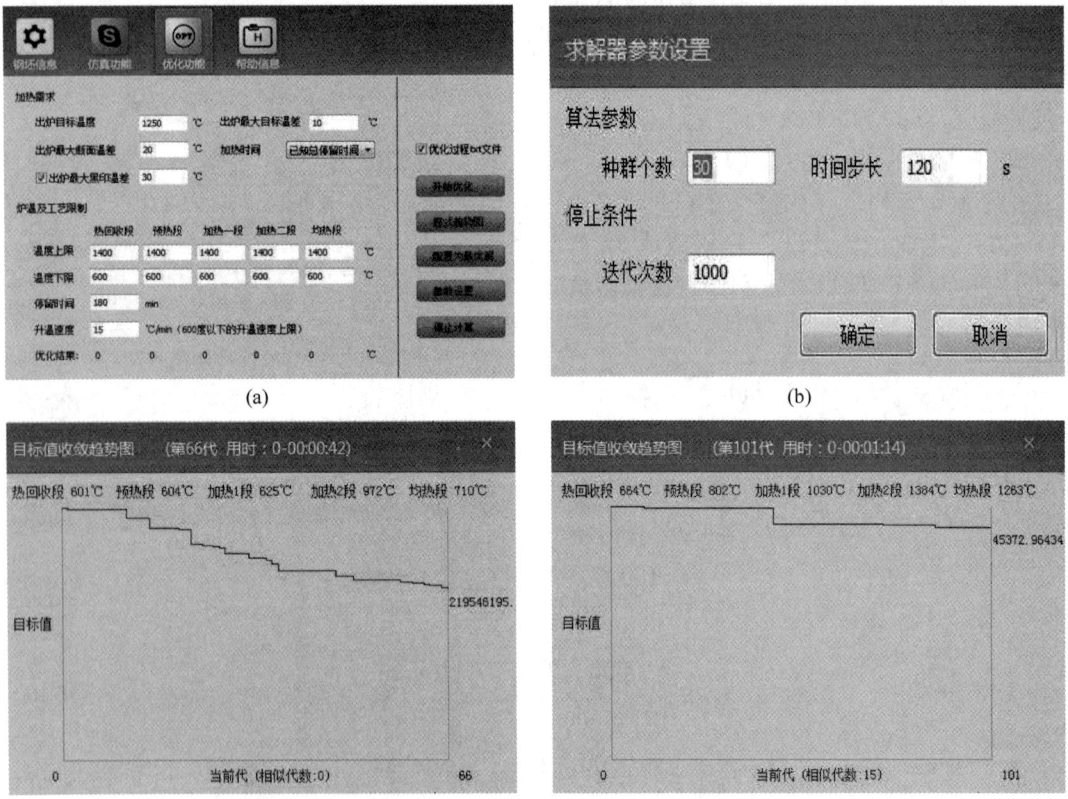

图 4-18　炉温智能优化模型仿真界面

（a）加热需求及炉温限值；（b）优化求解器参数；（c）目标值收敛趋势（未收敛）；（d）目标值收敛趋势（已收敛）

本章小结

本章围绕加热炉在热连轧工艺中的关键作用，系统探讨了其技术发展历程、核心控制功能以及控制系统的优化方法。通过对炉温闭环控制、炉压自动控制和空燃比自适应控制的深入分析，明确了这些技术对加热炉稳定、高效运行的保障作用。此外，本章重点介绍了基于数据与智能算法的优化技术，包括板坯温度预报模型、炉温智能优化模型，为加热炉性能的持续改进提供了全面的技术支持。

通过本章的学习，读者能够了解加热炉从传统设备向现代智能化技术发展的过程，理解其基本控制功能和优化策略的核心逻辑，为进一步探索加热炉技术的创新应用奠定坚实的理论与实践基础。

思 考 题

4-1 加热炉技术经历了从传统到智能化的演变过程，请结合实际生产需求分析这些技术演变对冶金工业的影响，并探讨未来可能的发展方向。

4-2 在炉温闭环控制、炉压自动控制和空燃比自适应控制三大基本控制功能中，哪项功能对加热炉运行效率的提升最为关键？请结合其实现原理和作用进行比较分析。

4-3 请简述板坯温度预报模型和炉温智能优化模型的关系，并思考加热炉控制系统的瓶颈在什么环节，结合先进的智能算法，能实现什么突破。

第 5 章　粗轧工序仿真

【导读】

粗轧工序是整个轧制流程的起点，粗轧生产在提高金属材料的物理性能、力学性能和表面质量方面具有显著效果。优化的粗轧工艺能够有效降低材料的缺陷率，提高成品的合格率。此外，粗轧生产对后续的精轧工艺有着重要的影响，良好的粗轧质量能够为精轧提供更为稳定的基础，从而确保最终产品的性能稳定性和一致性。

板坯出炉后经高压水除鳞，此时温度高、塑性好，故一般都是采用大压下轧制。但在粗轧的后几个道次由于带钢温度降低，有些情况下会因压下量过大而产生打滑现象，因此合理分配各道次的负荷分配至关重要。此外，通常在粗轧区域设置立辊轧机，通过立辊侧压实现对宽度的调节与控制。然而立辊轧制引起的板坯头、尾和边部变形不均匀将会导致切头、切尾和切边损失，这不但降低宽度精度，而且降低产品的成材率。短行程控制能够对立棍轧制后产生的失宽进行补偿，可以有效地减少头尾切损。

本章首先介绍了热连轧产线中粗轧工艺的特点，了解这些特点将更好地理解和掌握粗轧工序的基本控制功能及系统的优化。接着介绍了粗轧的基本控制功能（L1 级），主要包括粗轧立辊/平辊间的微张力控制、立辊的宽度和短行程控制以及平辊的压下位置控制。最后在实现基本控制功能基础上，介绍了粗轧工序的主要数学模型（L2 级），包括平辊压下位置、粗轧各道次出口厚度及轧制速度等。

【学习建议】

建议学习者在了解热连轧产线的全流程及粗轧工序在产线中位置的基础上进行本章的学习。理解粗轧工艺特点的前提下，学习其基本控制功能及控制系统的优化。掌握粗轧工序关键工艺参数的控制原理、计算方法以及数学模型的设定计算等。

【学习目标】

1. 了解粗轧工序在热连轧产线的作用及粗轧工艺的特点。
2. 掌握粗轧工序的基本控制功能及计算方法。
3. 掌握粗轧控制系统的优化，即主要的数学模型及关键参数的设定方法。

在现代热轧生产中，粗轧工序扮演着至关重要的角色，它不仅影响着后续精轧工序的顺利进行，更决定了最终产品的性能和质量。粗轧环节的基本控制功能是实现性能目标的基础，这些功能包括坯料的宽度控制、温度管理、压下调节以及短行程控制等。控制功能的相互协作可以确保轧制过程的精确性和稳定性，从而为生产出具有一致性和高标准的钢材产品提供坚实的基础。

粗轧是板坯从加热炉出炉后的第一道轧制工序，对整个轧制过程的产品质量和尺寸精度起着非常重要的作用。粗轧区一般由除鳞装置、粗轧机组和中间辊道等组成。粗轧的主要任务是将加热后的板坯进行初步轧制，为后续的精轧工序提供合格的中间坯，即对出炉的板坯进行高压水除磷，除磷后送入粗轧机组，经过 5 ~ 7 道次的轧制，把厚度为 250 ~ 360 mm 的板坯轧制成厚度为 25 ~ 45 mm 的带坯，最后送入精轧机组进行进一步轧制。粗轧区设备布置如图 5-1 所示。

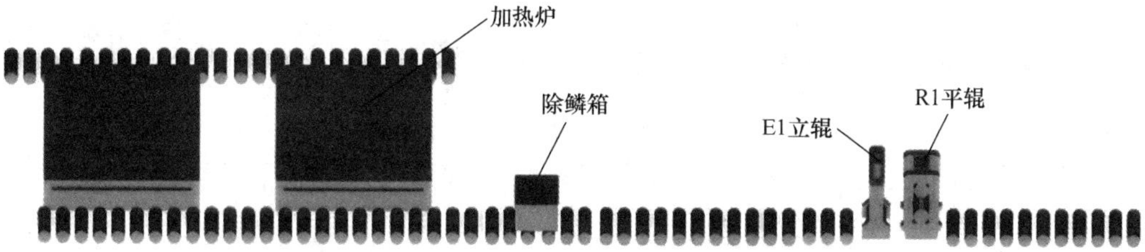

图 5-1　粗轧区设备布置示意图

由图 5-1 可知粗轧区域主要包含除鳞箱、E1 立辊轧机和 R1 平辊轧机（有的产线会部署两个平辊轧机），各自的作用主要为：

（1）除鳞箱：由于来自加热炉的高温板坯，表面会形成一层氧化铁皮，这层氧化铁皮在轧制过程中容易造成轧辊磨损，侵蚀轧辊，缩短轧辊的使用寿命。除鳞箱采用高压水枪或喷嘴清除板坯表面的氧化铁皮，使板坯表面更加光洁，这不仅使产品外观美观，而且能提高产品的力学性能，满足用户对高质量产品的需求。

（2）立辊轧机：用于有效地控制板坯的宽度，确保后续轧制过程中板坯宽度符合生产要求，同时对板坯的横向形状进行调整，改善板坯的边部形状，减少后续轧制过程中的边裂现象，此外立辊轧机还可以加快轧制速度，提高生产效率，有效地减少板坯的变形和损伤，确保板坯的尺寸精度和平直度，保证板坯质量。

（3）平辊轧机：平辊轧机主要将板坯的厚度降低至目标尺寸范围内，在轧制过程中，平辊轧机通过精确控制辊缝和轧制力，确保板坯的宽度和厚度均匀，避免出现波浪、凹凸等缺陷，为后续的精轧工序打下良好基础。同时，通过粗轧过程中的高温高压，有助于改善板坯的内部组织结构，提高板坯的力学性能和加工性能。

基于上述关键设备，粗轧工序生产的主要特点包括以下几个方面：

（1）高效率：粗轧工艺采用连续轧制的方式，大大提高了生产效率。板坯在高温下经过多道轧制，生产出符合规格要求的中间坯。

（2）高温轧制：粗轧工艺在高温条件下进行，有利于降低金属变形抗力，减少能耗，提高轧制速度。

（3）强度高、塑性好的中间坯：经过粗轧工序，板坯内部组织发生塑性变形，晶粒细化，强度提高，有利于后续精轧工序的顺利进行。

（4）精度高：粗轧工艺采用现代化的自动化控制系统，对轧制过程进行实时监控和调整，确保了中间坯的尺寸精度。

（5）多样化产品：粗轧工艺可以生产多种规格的中间坯，满足不同用户的需求。

基于实际生产数据，粗轧工序仿真主监控界面如图 5-2 所示，共由 7 部分组成。

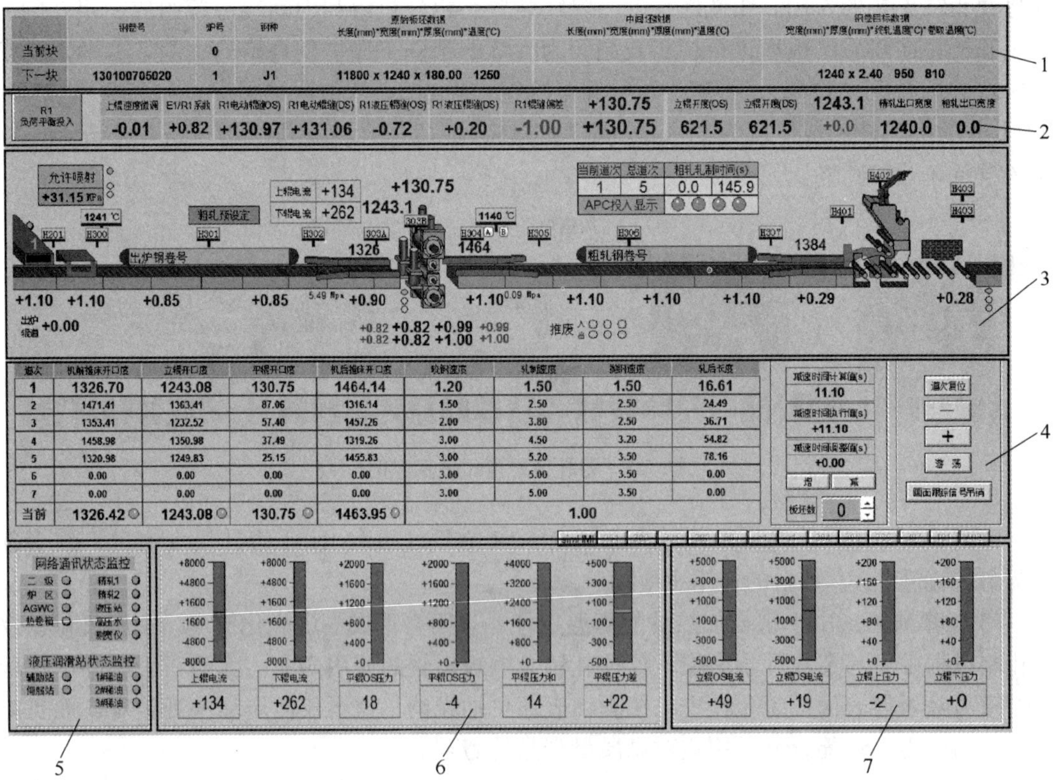

图 5-2 粗轧工序仿真主监控界面

1—粗轧工序当前块/下一块板坯信息；2—立辊/平辊实测参数；3—粗轧主跟踪区域影像；4—各道次设定值/实测值；5—通信状态监测；6—平辊电流/压力监测；7—立辊电流/压力监测

5.1 粗轧基本控制功能

5.1.1 粗轧机立/平辊间微张力控制

热连轧生产中，板坯在粗轧奇道次轧制时，立辊轧机 E1 和平辊轧机 R1 形成连轧关系并存在速度差，通常在 E1 和 R1 之间产生张力。由于板坯表面不均匀及各段温度不完全一致等因素，在轧制过程中，在 E1 和 R1 之间板坯的张力会不断变化，张力的变化将会直接影响到板带的宽度，如果板带太松容易产生堆钢现象。此外，立辊与平辊间的张力大小不合适会影响到机械设备的寿命和产品的质量，轧制过程中立辊和平辊之间的张力较大会引起立辊电机的输出转矩变化较大，造成立辊接轴因长时间受力大而出现断裂的现象[29]。因此，需采取措施控制张力以保证产品的质量，减少事故。

粗轧在奇道次轧制时，通常在立辊轧机 E1 和平辊轧机 R1 之间保持一定的张力，即微张力控制。该功能可使板坯在立辊和平辊上同时轧制时板坯的张力得以控制，减小张力变化对机械设备的伤害。

微张力控制的关键在于比较准确地检测出立辊/平辊的张力，然后再对张力进行控制。

张力是在立辊和平辊间存在速度差时产生，靠速度差来调节张力实质是要控制电机输出量，反映到电机轴上即能控制电机的输出转矩。微张力控制采用间接法，即不使用张力计，而采用力矩计算方法间接地得到张力，又称作头部力臂记忆（轧制力与电机转矩比记忆）方法[30]，通过测量粗轧机咬钢前后的立辊轧制力矩及轧制力计算出立辊/平辊间的实际张力，与目标张力进行比较，得出张力修正值微调立辊主传动速度，改变立辊的输出转矩，使立辊和平辊之间的张力保持在目标值。

（1）实际张力的计算

$$T_{\mathrm{M1}} = \frac{\dfrac{P_{\mathrm{M1}}}{P_{\mathrm{0M1}}} \cdot G_{\mathrm{0M1}} - G_{\mathrm{M1}}}{A_{\mathrm{M1}} \cdot \dfrac{D_{\mathrm{M1}}}{2}} \times 10^{-3} \tag{5-1}$$

式中，T_{M1}为立辊与平辊之间的实际张力，N/m^2；P_{M1}为立辊平辊同时咬钢时立辊的轧制力，kN；P_{0M1}为立辊咬钢且平辊没咬钢时立辊的轧制力，kN；G_{M1}为立辊平辊同时咬钢时立辊的转矩，kN·m；G_{0M1}为立辊咬钢且平辊没咬钢时立辊的转矩，kN·m；A_{M1}为板坯的横截面积，m^2；D_{M1}为立辊的直径，m。

（2）微张力修正值

$$v_{\mathrm{E1}} = \frac{1 + \alpha s}{\beta s} \times (T_{\mathrm{M1}} - T_{\mathrm{M1REF}}) \tag{5-2}$$

式中，v_{E1}为修正速度值，m/s；T_{M1REF}为立辊张力的设定值，MPa；s为拉普拉斯系数；α、β均为常值增益系数。

通过上述公式，采用头部力臂记忆的方法，可以准确计算出立辊的张力。利用拉普拉斯方程式，可以对立辊的张力进行实时调节，保证立辊与平辊间的张力恒定。由于张力对轧制力和电机转矩的影响不同，而温度对轧制力和电机转矩的影响基本相同，因此采用轧制力电机转矩比记忆法可以消除温度波动对张力控制的影响。

5.1.2 立辊自动宽度控制和短行程控制

决定带钢质量好坏的一个重要因素就是外形尺寸精度，包括厚度、宽度、板形、凸度和平直度等。宽度尺寸精度是热轧带钢产品质量的重要指标，良好的宽度精度不仅可以降低带钢的切边损耗，提高产品的成材率，而且将为下游工序创造更好的生产条件。有研究表明，宽度偏差每减小 1 mm，成材率就可以提高 0.1%左右。因此，宽度控制技术的开发与应用对节能降耗，提高经济效益尤为重要。

影响带钢宽度的因素众多，如坯料尺寸、形状、钢种、温度、立辊零点漂移、立辊辊形和轧机间张力等，内在关系十分复杂。在轧制过程中精轧阶段宽厚比大，宽展小，调宽困难，故粗轧区承担了主要的减宽和控宽任务，只有准确设定粗轧宽度目标，才能有效控制精轧的出口宽度。

自动宽度控制 AWC（Automatic Width Control），是多种控制方法及控制策略的统称，它可以提高带钢宽度精度，降低宽度波动，提高带钢全长的宽度均匀性。在确定 AWC 组成部分前，需要先分析造成板坯全长宽度不均匀的原因：

（1）由于精轧机组活套起套及摆动以及卷取机速度环向张力环切换过程的拉钢都将造

成成品宽度波动。AWC 系统一方面应能克服粗轧区本身所造成的宽度不匀，还应能补偿精轧机、卷取机所造成的有规律的宽度变动。

（2）板坯进入精轧环节，板坯温度变化时将改变其宽展量，有可能使成品宽度超过规定指标。

（3）板坯头尾的宽度变动。由于板坯缺乏“刚端”，即没有一个力矩能回牵板坯，立辊（特别是大立辊侧压量较大时）在轧制板坯头部及尾部时将出现两个非稳定段，图 5-3 表示了侧压后的板坯端部形状。经随后的水平轧制后，板坯头部和尾部的失宽现象加剧。

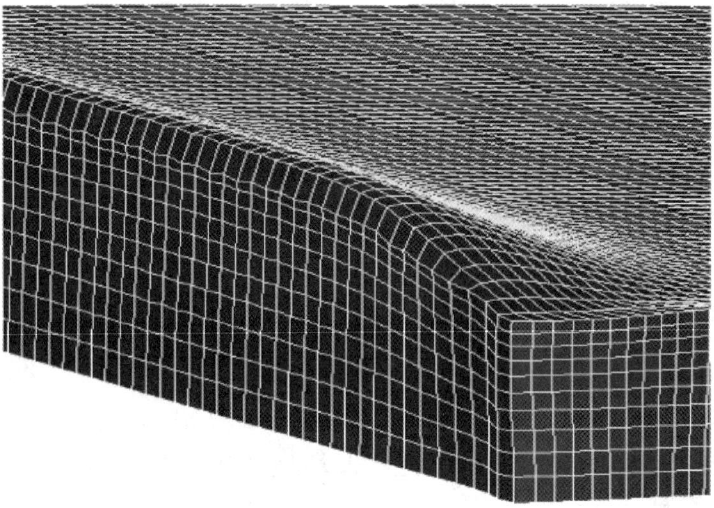

图 5-3 侧压后的板坯端部形状

由于精轧区及卷取机所造成的宽度不匀只能由精轧出口处测宽仪实测，在宽度设定模型及 AWC 控制系统中，除粗轧机后测宽仪外应充分利用成品测宽仪所提供的信息，即利用此信息对带坯头部的宽度（BRC）进行修正，并获得有规律的宽度变动在 AWC 控制中加以补偿。

基于上述各种宽度变动，AWC 在板坯中间部分控制的任务是根据机架的刚度系数、板坯实际宽度等，为立辊压下系统计算出侧压设定值，以消除由于温度改变导致轧制力变化，进而导致轧机辊缝值发生变化的影响，维持恒定的立辊负载辊缝值，获得恒宽的板坯。立辊侧压仿真界面如图 5-4 所示。

另外为了克服板坯头尾宽度变窄，立辊还要投入短行程控制。即粗轧区 AWC 的任务主要包括头尾控制和中间部分控制[31]。

5.1.2.1 板坯头尾部分的短行程控制 SSC

板坯在经过立轧和平轧后，常出现头尾的不均匀变形，使板坯头尾失宽，为了克服侧压后板坯的端部非稳定变形造成随后水平轧制出现失宽现象，在各道立辊轧制时先将开口度加大，再在板坯咬入时随轧入长度逐步收小开口度到设定值。

立辊宽度控制采用头尾短行程控制技术对头尾宽度进行补偿，SSC（Short Stroke Control）曲线根据恒辊缝轧制时出口头尾形状进行反向补偿，以得到均匀的头尾形状[32]。立辊开口度随轧入长度收小的曲线应根据粗轧区出口处测宽仪所测信息及事先统计所得的

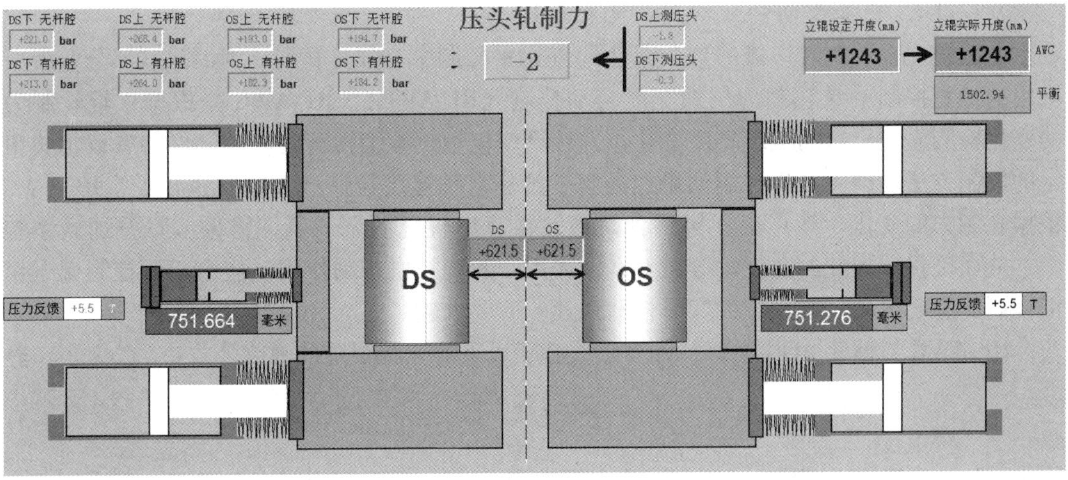

图 5-4　立辊侧压仿真界面

存于计算机内的曲线来确定（应用粗轧出口测宽仪信息对曲线进行学习修正）。

短行程法可减少切头损失率 20%~25%，还可显著提高头尾部的宽度精度。实际应用中，为了便于控制，短行程曲线一般为两段线或多段线，目前也有采用高次高斯曲线或抛物线进行控制，但控制方式较为复杂。

参照图 5-5，将头尾 SSC 曲线均分为 10 段，进行线性插值，并储存在计算机中。轧制过程中，立辊除了有静态设定的辊缝外，还叠加短行程控制表中的数据，并一同下发到基础自动化设备，不断跟踪板坯，按照曲线调整立辊开口度，实现实时动态调节。

图 5-5　SSC 曲线

通常根据生产经验，可以大致画出 SSC 曲线，在没有相关经验指导的前提下，也可根据现场测宽仪的检测数据，分析大量的宽度变化曲线后，拟合推算 SSC 曲线。如果可以得到准确的粗轧宽展模型，还可以根据数学模型，对坯料进行预计算，得出板坯轧制后宽度可能出现的宽度变化，进行曲线拟合。

使用经验法和测宽仪结合进行模拟曲线，可行性与准确度较高，用宽展公式计算的方法理论性较强，但可能与现实情况有一定差距。在现场情况允许时，可以将几种方法比较，得到最适合的方案，并且将根据不同板坯钢种、宽度、厚度建立的 SSC 曲线记录在 L2 级数据库中。

5.1.2.2 板坯中间部分的自动宽度控制

由粗轧立辊轧制时形成的“狗骨头”在水平轧制中有部分宽展，为消除这部分宽展所采用的板宽控制就是轧制力反馈宽度自动控制（RF-AWC）。RF-AWC 是根据立辊轧制力的变化检测立辊出口的板坯宽度变化，并计算变化量，补偿辊缝的波动，保持有载辊缝恒定的控制方法。RF-AWC 控制的思想是基于精轧自动厚度控制（AGC）提出的。RF-AWC 根据轧制力的变化，计算出立辊的弹跳值，再算出辊缝的调节量，将调节量叠加到系统中，从而确保了板坯的宽度均等，对水印或黑印起到补偿控制作用，但由于该控制属于反馈控制，有延迟性，对系统的实时性和快速响应要求较高。

RF-AWC 与精轧 AGC 类似，计算公式基于以下的立辊辊缝的弹跳公式：

$$B = E + \frac{P_E}{C_E} \tag{5-3}$$

式中，B 为立辊出口宽度，mm；P_E 为立辊轧制力，N；C_E 为轧机刚度，N/mm。

将式（5-3）写成增量公式：

$$\delta B = \delta E + \frac{\delta P_E}{C_E} \tag{5-4}$$

立辊轧制力 P_E 是立辊入口宽度 B_0、立辊出口宽度 B 和板坯变形抗力 Q 的函数，即有：

$$P_E = f(B_0, B, Q) \tag{5-5}$$

将式（5-5）写成增量形式：

$$\delta P_E = \frac{\partial P_E}{\partial B_0}\delta B_0 + \frac{\partial P_E}{\partial B}\delta B + \frac{\partial P_E}{\partial Q}\delta Q \tag{5-6}$$

将式（5-6）代入式（5-4）得：

$$\delta B = \frac{1}{C_E - \dfrac{\partial P_E}{\partial B}}\left(C_E\delta E + \frac{\partial P_E}{\partial B_0}\delta B_0 + \frac{\partial P_E}{\partial Q}\delta Q\right) \tag{5-7}$$

在进行 RF-AWC 时，忽略立辊入口宽度和变形抗力的变化，即有：

$$\delta B = \frac{C_E}{C_E - \dfrac{\partial P_E}{\partial B}}\delta E \tag{5-8}$$

RF-AWC 周期性的获得立辊轧制力实测值 P_E^* 和立辊开口度实测值 E^*，在稳定段头部收集 n 个实测数据，取其平均值，得到立辊轧制力头部锁定值 P_{EL} 和立辊开口度头部锁定值 E_L，则有：

$$\delta P_E = P_E^* - P_{EL} \tag{5-9}$$

$$\delta E = E^* - E_L \tag{5-10}$$

考虑到头部存在失宽，因此 RF-AWC 的头部锁定值需在头部失宽区后面。

通过 RF-AWC 求出侧压调节量：

$$\delta E_C = -G_{FB}\cdot\frac{C_E - \dfrac{\partial P_E}{\partial B}}{C_E}\cdot\delta B \tag{5-11}$$

式中，G_{FB} 为 RF-AWC 的增益，一般小于 1，负号为负反馈控制。

5.1.3 平辊轧机压下 APC 控制

平辊压下控制由电动压下系统和液压压下系统构成[33]。两个系统中，电动压下系统的控制精度低于液压压下系统，一般在热轧机上采用两套系统共同设定压下辊缝的方法，即由电动压下控制系统进行大行程的粗定位，之后由液压压下控制系统进行小行程精定位。

自动位置控制 APC（Automation Position Control）系统是在指定的时刻将控制对象的位置自动地调节到预先由 L2 级或人机接口系统 HMI（Human Machine Interface）给出的目标值上，使调节后的位置与目标值之差保持在允许的误差范围内。由于所要求的位置量是预先给定的，所以又称它为预设定位置自动控制[34]。

热轧机实现厚度自动控制的基础是压下系统的自动位置控制，即电动压下 APC。电动压下 APC 方法通过 HMI 或 L2 级模型给出的辊缝目标值，驱动压下系统在规定时段将压下螺丝运行到目标值上，并且将调节后的实际位置与目标位置的偏差控制在允许的误差范围内。因此，要求压下系统具有动态响应快、无超调、系统无静态误差等特点。

电动压下控制系统由位置控制和速度控制两个控制环构成，位置环由自动化系统执行，速度环由压下系统执行。在位置控制环工作过程中，位移传感器被安装于压下螺丝的顶端，用以测量压下螺丝的实际位置，并将其与预设的辊缝值进行对照。通过控制系统的计算处理，得到的输出信号作为压下传动系统的速度指令驱动压下电机。当压下螺丝达到预定位置时，电机的转速逐渐降低至停止，同时压下抱闸随之闭合，自动位置控制过程结束。该压下位置控制器采用的是一个非线性比例系统，其原理框图如图 5-6 所示。

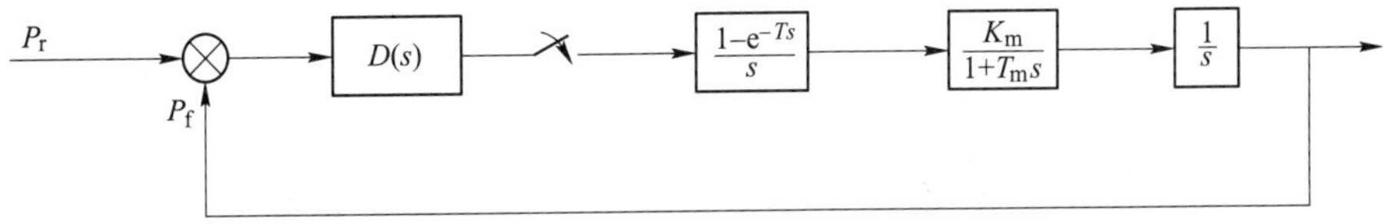

图 5-6 位置控制器原理

图 5-6 中，$D(s)$ 为计算机数字控制器；$\frac{1-e^{-Ts}}{s}$ 为采样保持器；$\frac{K_m}{1+T_m s}$ 为闭环系统等效传递函数；$\frac{1}{s}$ 为压下位置反馈。

理想电动压下定位过程如图 5-7 所示。图中假设位置偏差是 S，位置初始的偏差是 S_0，被控对象的最大线速度为 v_m，在最大动态转矩限制下的最大加速度和最大减速度是 a_m。

电动压下系统最快消除偏差的方法要求被控对象能快速准确移动到设定的位置上，即尽可能使设备在定位过程中保持最大速度不变。极限情况下设备以无穷大加速度立即加速到最大速度和以无穷大减速度立即减速到零，但这对实际动力学系统来说是不可能实现的。因此，在最大允许动态转矩的约束条件下，使电动机以最大加速度启动达到最大速度，并在接近终点位置时以最大减速度减速到零，这就是理想的定位过程。

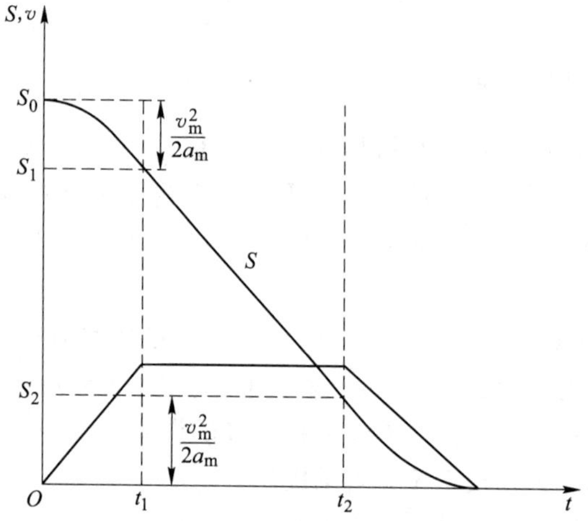

图 5-7 APC 运行过程

在理想定位过程中，加速阶段有：

$$v = a_m t \tag{5-12}$$

则位置偏差量为

$$S = S_0 - \int_0^t v \mathrm{d}t = S_0 - \int_0^t a_m t \mathrm{d}t = S_0 - \frac{1}{2} a_m t^2 \tag{5-13}$$

当系统以最大加速度 a_m 从位置 S_0 运行到 S_1，压下速度达到最大值 v_m，此过程经历的时间 t_1 和该时刻的位置偏差量 S_1 分别为

$$t_1 = \frac{v_m}{a_m} \tag{5-14}$$

$$S_1 = S_0 - \frac{v_m^2}{2a_m} \tag{5-15}$$

式中，$\frac{v_m^2}{2a_m}$ 为加速阶段的移动距离。当系统加速到最大允许速度 v_m时，若未达到给定位置，则保持 v_m不变继续运动。一般系统最大加速度等于最大减速度 a_m时，系统加速和减速的距离相等，故系统在 $S_2 = \frac{v_m^2}{2a_m}$ 处开始减速，当压下螺丝减速到零时，位置误差也应控制到零，即 $v=0$ 时，$S=0$。

假设减速开始的时刻为 t_2，则

$$v = v_m - a_m(t - t_2) \tag{5-16}$$

$$S = S_2 - \int_{t_2}^t v \mathrm{d}t \tag{5-17}$$

此时的位移为

$$S = S_2 - \int_{t_2}^t [v_m - a_m(t - t_2)] \mathrm{d}t = \frac{v_m^2}{2a_m} - v_m(t - t_2) + \frac{a_m^2}{2}(t - t_2)^2 \tag{5-18}$$

代入 $t - t_2 = \frac{v - v_m}{a_m}$，可得

$$v = \sqrt{2a_m S} \tag{5-19}$$

式中，v 为数字控制器的输出值；S 为位置误差。则有 $\lim\limits_{S\to 0}\dfrac{dv}{dS}=\infty$，对于实际系统来说，无法达到这样大的算法增益，系统容易发生振荡，也就是这样的理想定位过程难以实现。

在实际应用中，通常采用三折线近似代替理想曲线，如图 5-8 所示，此时 $S=0$ 附近曲线的斜率是可以计算的。

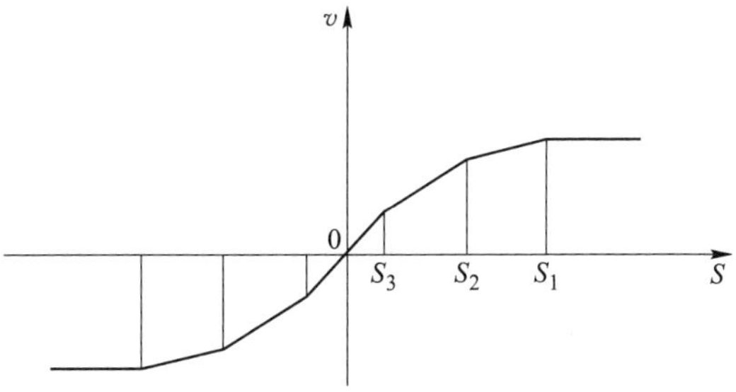

图 5-8 三折线的 APC 控制曲线

5.2 粗轧控制系统优化

高精度的数学模型是粗轧控制系统优化的关键，通过对粗轧过程中板坯的物理行为和轧制参数进行精确的数学描述，模拟轧制力、轧制温度、轧制速度等关键因素，有效预测板坯在各道次的厚度和宽度，为生产线的实时调整提供科学依据。数学模型还可以指导操作人员实现更合理的轧制策略，减少生产过程中的能耗和停机时间，提高产线的产量和产品质量。同时，数学模型还可以为新产品开发提供理论支持，通过对不同轧制工艺的模拟，可以探索新型钢材的生产可行性，缩短研发周期，降低开发成本。

5.2.1 水平压下位置模型

在粗轧过程中，如何确定轧制总压下量以及每道次的压下量是制定轧制规程的基本问题，合理的轧制规程能更有效地利用设备能力，提高轧机产量和产品质量[35]。由于粗轧过程中板坯温度高、塑性好、厚度大，因此粗轧机组总压下量是在满足咬入条件下，以轧机允许的最大轧制压力计算获得，同时满足轧辊强度、电机能力等限制条件。考虑到粗轧机组和精轧机组之间轧制节奏和负荷上的平衡，粗轧机组变形量一般要占总变形量的60%~80%。

粗轧过程中，压下量是影响宽展的主要因素之一，轧件厚度一致，压下量增大，宽展量增大；压下量相同，相对压下量增加，宽展量增加。压下量增加或相对压下量增加后，变形区长度增加，轧制方向流动阻力增加。因此，合理的压下位置策略是提高产品质量的前提。

水平压下位置模型的核心是首先获得由工艺要求和设备能力决定的粗轧机组出口目标厚度 $HRCP$，接着算出粗轧机组总压下量，再将总压下量按负荷分配率分配到各个道次上，进而确定各道次的压下量和轧制力。

得到分配的各道次压下量 $DH_{R1}(j)$ 后，根据弹跳方程设定各道次的压下位置：

$$S(j) = H_R(j) - \frac{F(j) - F_0}{M} \tag{5-20}$$

式中，j 为道次号；$S(j)$ 为 j 道次的压下位置，mm；$H_R(j)$ 为 j 道次的目标出口板厚，mm，$H_R(j)=H_R(j-1)-DH_{R1}(j)$，$H_R(0)=H_S$（坯厚）；$F(j)$ 为 j 道次的轧制力，N；F_0 为机架零

调压力，N；M 为轧机刚度，N/mm。

由于粗轧过程中板坯的温度较高，压下位置设定公式中的第 j 道次轧制力的计算可采用以下算法：

$$F(j) = F_{pg} \times F_b(j) \times B \tag{5-21}$$

式中，$F(j)$ 为 j 道次的轧制力，N；F_{pg} 为轧制力钢种系数；$F_b(j)$ 为标准轧制力系数；B 为板坯宽度，m。

5.2.2　粗轧厚度设定模型

确定压下规程是厚度设定模型的核心任务，其目标在于精确制定粗轧机架的实际轧制厚度，这一步骤对于确保最终产品的质量和精轧过程中的稳定性至关重要。厚度设定模型可以根据生产线的特定需求，提供四种不同的负荷分配策略，即压下率和轧制力的相对化或绝对化[36]。

厚度设定模型按照不同的生产线特点，根据预先提供的所有轧制材质和规格的压下规程数据，使用四种负荷分配方式干预压下制度，同时进行咬入角校核、功率校核、轧制力和轧制力矩校核等操作，确定压下规程的合理性，避免误操作损坏设备。

在轧制开始前，首先要进行带钢宽度预先设定计算。在轧机运行过程中，为了使各道次板坯出入口宽度均能满足预先规定的宽度要求，需要按照板坯、轧辊、轧件、道次数等规格和各个机架的承载能力对各道次进行计算分配，再将所获得的立辊的辊缝值、轧制力、轧机转速等参数计算值传递给基础自动化级。

粗轧厚度设定模型通过目标的板坯出口厚度和经验总结的厚度分配值综合确定每道轧机的压下量及出口厚度。模型第一次设定计算时，各轧机的初始分配计算公式为：

$$H_{out}(i) = H_{in} - (H'_{out}(0) - H'_{out}(i)) \times \frac{H_{in} - H_{out}}{H'_{out}(0) - H'_{out}(\mathrm{last})} \tag{5-22}$$

式中，$H_{out}(i)$ 为各轧机出口厚度，mm；H_{in} 为粗轧入口目标厚度，mm；$H'_{out}(0)$ 为经验所得粗轧入口厚度，mm；$H'_{out}(i)$ 为经验所得各轧机出口厚度，mm；H_{out} 为粗轧出口目标厚度，mm；$H'_{out}(\mathrm{last})$ 为经验所得粗轧出口厚度，mm。

第一次厚度设定计算需要根据既往经验所得的厚度分配值进行计算，在初始厚度分配计算后，计算各轧机的轧制力分配比是否与目标负荷分配比一致，若不一致则根据各轧机的轧制力分配比与目标负荷分配比的差值重新调节，直至得到目标厚度分配数值。

5.2.3　平辊轧机轧制速度模型

为了优化轧制过程中的能效、设备负荷和生产节奏，粗轧机速度控制采用低速咬钢、高速轧制、低速抛钢的可逆轧制模式，在这一模式下，轧机需要处理不同的速度状态，以确保高效、平稳的轧制过程，并减少对设备的冲击和磨损。轧机在不同阶段会运行不同的速度状态，故平辊轧机的速度种类有等待速度、咬钢速度、轧制速度和抛钢速度四种。

等待速度是轧完上一块钢后，下一块板坯还没有进入轧制区域时，主轧机为了节能和减小磨损，以低速等待。当板坯进入轧制区域时，轧机速度升至咬钢速度，板坯便以咬钢速度送入轧机，咬入速度通常较低，以确保板坯能够顺利咬入轧机且不产生碰撞或卡住现象；当轧机咬钢后，轧机升至轧制速度，轧制速度直接影响板坯的厚度、宽度变化，决定轧制过程的效率和生产能力；当尾部跟踪要抛钢时，轧机降至抛钢速度，以减小对机械设备和传动装置的负荷冲击。抛钢后，轧机根据当前道次情况启动相应方向待轧速度，偶道次的轧制速度方向同奇道次相反，但加减速顺序相同[37]，即使在方向发生改变时，轧机的加速和减速策略保持一致，确保设备的稳定运行和轧制质量。轧机速度曲线如图 5-9 所示。

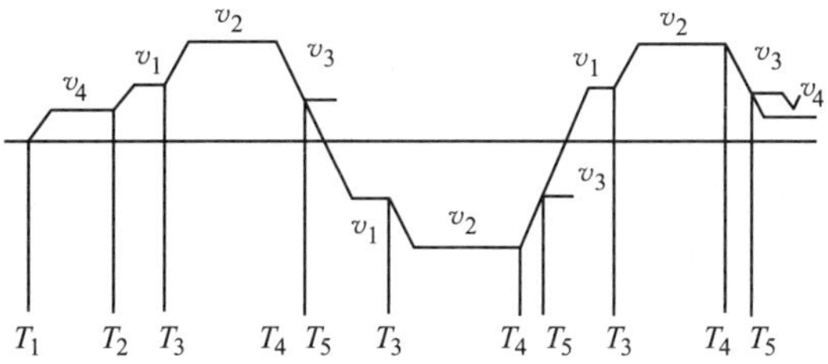

图 5-9 轧机速度曲线

v_1—咬入速度；v_2—轧制速度；v_3—抛钢速度；v_4—爬行速度；T_1—自动轧制启动；T_2—机前热检 ON；T_3—咬钢；T_4—减速点；T_5—抛钢

为了保证设备的安全与效率，轧机加速和减速的过程要平稳，避免出现过快或过慢的变化。尤其是在从低速（如等待速度、抛钢速度）切换到高速（如咬钢速度、轧制速度）时，必须采取渐进的方式，避免过大的机械冲击。

由上述描述可知，平辊轧机轧制速度模型设定的内容主要为轧机的咬（抛）钢速度和轧制速度。在工艺和设备允许的情况下，希望以尽可能快的速度进行轧制，以提高生产率。

轧机的咬（抛）钢速度由工艺部门制定（一般在 100 m/min 左右）。咬（抛）钢速度确定后，轧机轧制速度按下式进行设定：

$$v_{R1}(i) = v_{R1}^{*}(1 + K) \tag{5-23}$$

式中，v_{R1} 为 $R1$ 轧制速度，m/min；v_{R1}^{*} 为 $R1$ 咬钢速度，m/min；K 为比例常数。

对电机来说，其允许的速度范围有一定的限制，所以轧制速度还应满足下式：

$$v_{\min} \leqslant v_{R1}(i) \leqslant v_{\max} \tag{5-24}$$

式中，$v_{\min}$、$v_{\max}$ 分别为轧机速度的上下限。

通过精确的控制策略，可确保轧机能够平稳地进行加速、减速、切换和轧制，最大限度地提高生产效率，同时延长设备的使用寿命，减少设备负荷和能耗。每个阶段的速度控制和加减速过程需要根据轧制情况进行优化，以确保整体系统的高效稳定运行。

5.2.4 牵引速度补偿模型

板坯在轧机中轧制时，由于轧机出入口侧的板坯厚度不同，轧机出入口侧的辊道速度是不同的，出口侧辊道速度与轧机轧制速度大致相等。为保证板坯平稳咬入且与轧机保持同步，入口侧辊道速度要略低于轧机轧制速度，使轧机出入侧的金属流量相等。因此，需对入口侧辊道速度进行补偿，使入口侧辊道速度与轧机轧制速度匹配。

立辊入口侧辊道牵引速度补偿公式为：

$$X_B = \left(1 - \frac{B_D}{B_E}\right) \times E_{DIAL} \times 100\% \tag{5-25}$$

式中，B_E 为立辊入口侧的板宽，mm；B_D 为立辊出口侧的板宽，mm；E_{DIAL} 为系数。

水平压下入口侧辊道牵引速度补偿公式为：

$$X_H = \left(1 - \frac{H_D}{H_E}\right) \times E_{DIAL} \times 100\% \tag{5-26}$$

式中，H_E 为立辊入口侧的板厚，mm；H_D 为立辊出口侧的板厚，mm；E_{DIAL} 为系数。

牵引速度补偿模型保证在轧制过程中，入口侧和出口侧的金属流量相等，即两侧的牵引速度差异能够适应板坯厚度变化的需求，通过调整入口侧辊道的速度来补偿厚度变化带来的影响，从而避免入口侧板坯过快或过慢进入轧机，确保轧制的稳定性。

5.2.5 立辊设定模型

粗轧宽度控制的两种方式主要为轧制和压缩。轧制采用立辊及平辊交替轧制的方式减宽，而压缩则是通过定宽压力机在板坯出炉后施以侧压的方式进行控制。轧制工艺是在轧机前设置一小立辊，其开度通过模型计算确定，也可进行小范围的宽度调整，一般调整量小于 50 mm。

在宽度控制系统工作过程中，首先输入成品带钢的既定宽度，然后对精轧机组中可能出现的宽展量进行初步计算，就可以得到粗轧轧制后的精轧轧件的既定宽度（数值=成品带钢宽度-精轧机组中宽展量）。在得出精轧轧件的宽度后，计算粗轧机组中板坯宽度的缩减量。根据计算结果设定宽度控制系统与立辊机座的初始辊缝值。在轧件经过每个道次立辊及后续的平辊轧制后，重新计算出口宽度。将立辊轧机最后一道工序轧制出的精轧轧件计算得出的轧件宽度与实际测量的宽度进行对比，运用统计分析方法，得出两者的差异值，用于校准立辊机座的开口度。在计算立辊机座的开口度时，考虑到立辊轧机轧制过程中，板坯会出现一定程度的跳动。因此，为了补偿板坯在轧制过程中的跳动，在确定了各个立辊轧制的目标宽度和侧压量之后，应该使立辊的设定开口度略小于轧件的目标宽度。

立辊设定模型的核心是立辊开口度的设定（一般奇道次投入，偶道次空过），根据板坯宽度、成品目标宽度以及粗轧、精轧的宽展量，得到立辊总的宽度压下量，通过合理的负荷分配，得到粗轧各道次的立辊设定值。这部分的难点在于粗轧平辊轧制时的宽展量计算，在计算粗轧立辊-平辊宽展时，需要考虑粗轧侧压后的“狗骨”断面形状，如图 5-10 所示，由图可知奇道次轧制后的总宽展为无“狗骨”部分的宽展和“狗骨”凸出部分的宽展总和[38]。

立辊设定的目的是对产品宽度进行控制，其计算方法为：根据板坯宽度和粗轧目标宽度算出立辊总的宽度压下量，再将此宽度压下量按各立辊（道次）的负荷分配率分配到各立辊（道次）上，考虑弹跳和刚度后设定立辊开口度[39]。

具体步骤及算法如下：

（1）粗轧目标宽度

$$B_R = B_F + B_{FB} \tag{5-27}$$

式中，B_R 为粗轧目标宽度，mm；B_F 为精轧目标宽度，mm，$B_F = B_C \times (1 + C_1 \times T_{F6}) + \beta$；$B_C$ 为成品卷宽，mm；C_1 为热膨胀系数；T_{F6} 为精轧目标温度，℃；β 为宽度余量，mm；B_{FB} 为宽

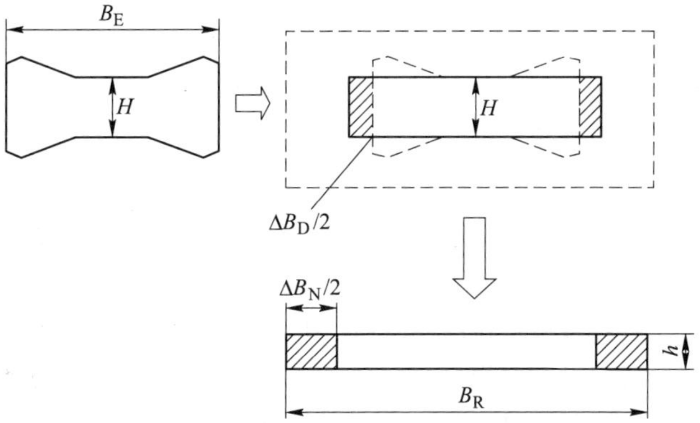

图 5-10 粗轧立辊-平辊宽展计算示意图

度反馈值，mm。

（2）计算宽展量（水平压下引起的宽展）

$$D_{BR}(j) = K(j) \times D_{HR}(j) \tag{5-28}$$

式中，$D_{BR}(j)$ 为 j 道次宽展量，mm；$K(j)$ 为 j 道次宽展系数；$D_{HR}(j)$ 为 j 道次水平压下量，mm。

（3）计算总的宽度压下量。粗轧过程中有立辊进行轧边，轧边后的板坯两边存在的狗骨形凸起，在平辊压下时会造成附加宽展，故计算宽展时需综合考虑。计算公式如下：

$$D_{BT} = (C_2 \times B_S - B_R) + \sum D_{BR}(j) \tag{5-29}$$

式中，D_{BT} 为宽度总侧压量，mm；C_2 为热膨胀系数；B_S 为板坯宽度，mm；$\sum D_{BR}(j)$ 为水平压下引起的总宽展，mm。

（4）将宽度压下量分配到各机架（道次）：

$$D_{BE}(j) = [D_{BT} + \sum C_{ORR}(j)] \times \delta(j) + C_{ORR}(j) \tag{5-30}$$

式中，$D_{BE}(j)$ 为某机架（道次）立辊压下量，mm；$\delta(j)$ 为某机架（道次）立辊压下负荷分率；$C_{ORR}(j)$ 为某机架（道次）立辊压下修正值，mm。

当 E_2 立辊空过时，立辊压下负荷分配率必须重新分配，其方法为：令 E_2 立辊的负荷分配率为零，再重新计算负荷分配率。计算公式如下：

$$\delta(j)_{NEW} = \frac{\delta(j)}{\sum \delta(j)} \tag{5-31}$$

（5）设定立辊开口度：

$$E(j) = B_R(j) - [1 + \eta(j)] \times D_{BE}(j) \tag{5-32}$$

式中，$B_R(j)$ 为水平压下后的板坯宽度，mm，$B_R(j) = B_E(j) + D_{BR}(j)$；$\eta(j)$ 为立辊压下的必要进入率；$D_{BE}(j)$ 为立辊压下量，mm。

5.2.6 粗轧宽度自学习模型

轧机设定程序中，粗轧目标宽度 $B_F = B_R + B_{FB}$，式中的 B_{FB} 为宽度自学习反馈值，即宽度自学习的更新系数。根据精轧出口卷宽的控制情况和立辊设定与实际值的偏差，宽度

控制程序调整 B_{FB} 值，从而通过控制粗轧目标板宽来控制精轧出口的钢卷成品宽度。

宽度自学习反馈值由钢卷全长反馈项和立辊偏差反馈项构成，钢卷全长反馈项是根据精轧出口卷宽的控制精度给出的反馈值，立辊偏差反馈项是根据立辊设定与实际值的偏差对卷宽的影响给出的。算出宽度自学习反馈值后将其填到宽度学习表中，供粗轧设定程序对下块钢宽度设定。

宽度学习表的分档要考虑材质、板坯来料尺寸、成品尺寸以及总的宽度压下量。实际上，如果宽度学习表设置的好，除了工艺开始的前几年要学习建立表，待表的内容充实完善以后，可不用宽度学习功能，锁定宽度自学习，B_{FB} 值不更新。当宽度精度低于预先确定的值时或条件发生变化时，可清除锁定。

宽度反馈值的可按下面的公式计算：

$$B_{FBNEW} = K_1 \times B_{FBOLD} + K_2 \times Q_{BFB} + K_3 \times E_{DIF} \tag{5-33}$$

式中，B_{FBNEW} 为新的宽度反馈值，mm；B_{FBOLD} 为旧的宽度反馈值，mm；Q_{BFB} 为钢卷全长反馈值，mm；E_{DIF} 为由立辊开口度偏差所导致宽度变化的反馈值，mm；K_1、K_2、K_3 为加权系数。

如果粗轧出口卷宽的实际宽度和目标宽度之间有偏差，就需要根据这个偏差来调整粗轧目标宽度。通常，这一偏差来源于立辊设定值和实际值之间的差异，由立辊开口度偏差所导致宽度变化的反馈值 E_{DIF}：

$$E_{DIF} = \frac{D_{E2}}{1 + \eta_{E2}} + \eta_{E2} \cdot \frac{D_{E1}}{(1 + \eta_{E2})(1 + \eta_{E1})} \tag{5-34}$$

式中，D_{E2} 为立辊 E2 设定值与实际值的偏差，mm；D_{E1} 为粗轧机立辊末道次 E1 设定值与实际值的偏差（mm）；η_{E2} 为 E2 机架的必要进入率；η_{E1} 为 E1 机架的必要进入率。

钢卷全长反馈项 Q_{BFB} 是根据宽度分类情况，选取合适的反馈项 Q_{BFB} 来更新 B_F 值。具体来说，这部分通过分析每个钢卷的实际宽度控制结果，判断宽度控制的整体效果。如果偏差较大，则反馈更大的修正值，帮助优化粗轧目标宽度（B_R），从而减少后续生产中的误差。这种反馈机制基于经验公式和历史数据，可以逐步提高宽度控制的精度。

针对上述模型，仿真平台设置了粗轧模型设定仿真界面，以设置和修正模型相关的参数，如图 5-11 所示。

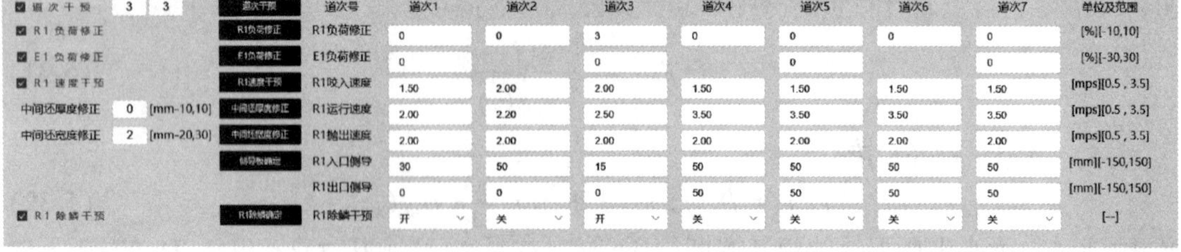

图 5-11　粗轧模型设定仿真界面

本章小结

本章节深入探讨了热连轧生产线中粗轧工序的仿真技术，特别强调粗轧在确保产品品质量和尺寸精度方面的核心作用。本章详细分析粗轧过程中的关键控制功能，包括微张力控制、自动宽度控制和平辊轧机压下 APC 控制等，这些技术对于提升轧制过程的精确性和稳定性发挥着至关重要的作用。在粗轧工艺中，为了对轧制过程实现更精细的控制，需要进行粗轧控制系统的优化。本章介绍了包括水平压下位置模型、粗轧厚度设定模型在内的多种优化模型，这些模型的优化旨在通过更精确的控制策略，提高粗轧工序的效率和产品质量，从而为整个热连轧生产线的高效运行和优质产品输出提供坚实的技术支撑。

思 考 题

5-1 微张力控制的核心技术是什么，在实践中如何解决张力检测的精度问题?

5-2 分析自动宽度控制技术在粗轧工序中的应用，并讨论其对提高带钢宽度精度的贡献。

5-3 在优化粗轧厚度设定模型时，应如何处理不同轧机负荷分配对设备寿命和产品精度的影响?

5-4 讨论通过模型优化粗轧控制系统后，对提高粗轧效率和质量的具体效果，并提出进一步优化的建议。

第 6 章　精轧工序仿真

【导读】

随着冶金工业自动化技术的不断发展，精轧工序作为钢铁生产中的关键环节，其智能化控制已成为提升生产效率、降低能耗、提高产品质量的核心技术之一。在精轧过程中，不仅需要精准控制轧制力、压下量等参数，还必须在复杂的生产环境下实现高效、稳定的过程控制。精轧工序的仿真与优化，是通过建立合理的数学模型和优化控制策略，有效预测和调节轧制过程中的各项参数，从而提升精轧机的生产效率和产品质量。

本章主要讲述了精轧工序的基本控制功能与优化技术，包括精轧过程中的冷却水控制、压下 APC 控制、液压 AGC 控制等多个重要环节。学习本章内容，学生将能够通过仿真技术对精轧工序中的各种控制系统进行深入分析。通过优化模型参数，学生能够提高数学模型的精度，从而更有效地提升轧制工艺水平。此外，本章还结合实际生产中的问题和解决方案，帮助学生在仿真过程中运用优化技术解决工程中的复杂问题。

本章第 1 节介绍了精轧工序中的关键控制技术，包括机架间冷却水控制、液压 AGC 控制等；第 2 节深入探讨了如何通过数学模型优化精轧过程，包括入口温度计算、轧制力、弹跳、压下位置等模型；第 3 节重点讨论了如何优化板形控制，包括窜辊设定、弯辊力设定、工作辊和支撑辊的辊形计算等。

【学习建议】

本章内容涉及的控制技术和优化模型较为复杂，建议学习者首先熟悉精轧工序的基本工艺及其在生产中的关键控制点。接着应对本章中的各个控制功能进行逐一学习，通过仿真与优化模型的实践，深入理解精轧工序中涉及的数学模型与控制策略。在此基础上，学习者应关注各类控制技术的相互作用，掌握如何通过多维度的优化方法，提升精轧工序的整体性能。

【学习目标】

1. 理解精轧工序中的各类基本控制功能及其实际应用。
2. 掌握精轧控制系统中的优化模型，并能进行有效的系统设计与仿真。
3. 具备进行精轧工序控制系统优化及调试的实战能力。

在现代轧钢生产中，精轧工序作为最后一道成型工序，对成品的尺寸精度、表面质量以及板形控制起着至关重要的作用。精轧工序的质量不仅直接影响成品的物理特性，还影响到生产的稳定性和效率。因此，研究精轧工序中的关键控制技术并建立精确的仿真模型，已成为提升产品质量和优化生产工艺的核心任务。

精轧区主要设备包括：精轧入口高温计 FET、精轧前除鳞箱、E2 立辊轧机、F1 ~ F7

平辊轧机（上、下工作辊和上、下支撑辊）、L1~L6 活套、精轧出口高温计 FDT 等，如图 6-1 所示[40]。本章从精轧的基本控制功能出发，分析各控制系统在精轧过程中的作用，包括压下控制、活套控制、液压自动厚度控制 AGC、弯辊控制等，这些控制功能确保了精轧过程中的厚度精度和张力平衡。在此基础上，进一步深入探讨如何通过温度、厚度、速度、轧制力等模型优化精轧控制系统，以实现工艺参数的精准设定，进而提高成品的尺寸和性能一致性。

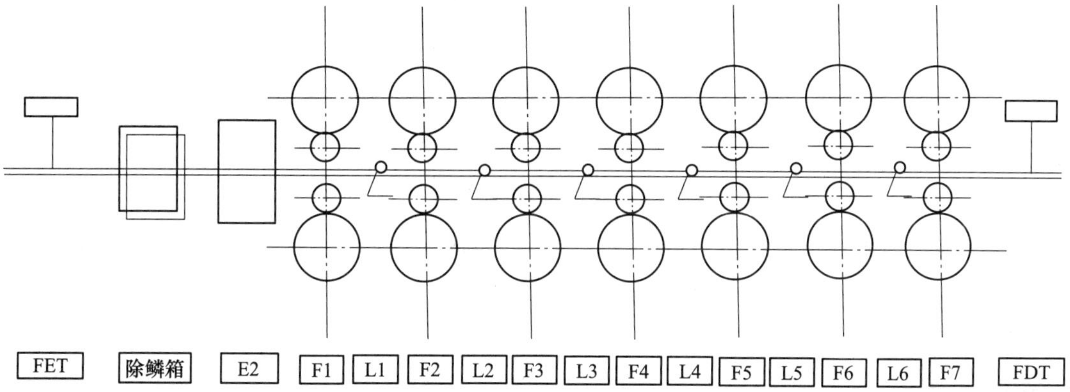

图 6-1　精轧区域设备分布图

此外，本章还针对板形控制系统的优化展开讨论，通过窜辊和弯辊等参数的精确控制，实现对板坯板形的优化。希望通过本章的学习，读者能够掌握精轧工序中的关键控制方法，并了解如何应用仿真模型对生产参数进行优化，从而为后续的生产管理和技术提升奠定理论和实践基础。

6.1　精轧基本控制功能

精轧机是成品轧机，是热轧带钢生产的核心部分，为了获得高质量的优良产品，在精轧机组大量地采用了许多新设备、新技术、新工艺以及高精度的检测仪表，例如热轧带钢板形控制设备、全液压压下装置、最佳化剪切装置、热轧油润滑工艺等。精轧区计算机控制结构如图 6-2 所示。

6.1.1　机架间冷却水控制

机架间冷却水控制是精轧工序中重要的基本功能之一，其主要目的是通过控制冷却水的喷淋量和分布，调节轧制过程中钢材的温度场，确保轧件温度均匀性和板形质量，同时避免过冷或过热引起的工艺问题。

6.1.1.1　机架间冷却系统概述

机架间冷却，就是在精轧机组内全部或部分机架间布置一个或一些喷水装置，在带钢轧制过程中，将冷却水喷射到前进中的带钢上的过程。通过此方法，对带钢进行控制冷却，以达到准确控制带钢头部终轧温度、保证带钢全长终轧温度均一性的目的。机架间冷却属于压力喷射冷却方式，在供水管上错列位置开若干排水孔，把水加压从各孔口喷射到

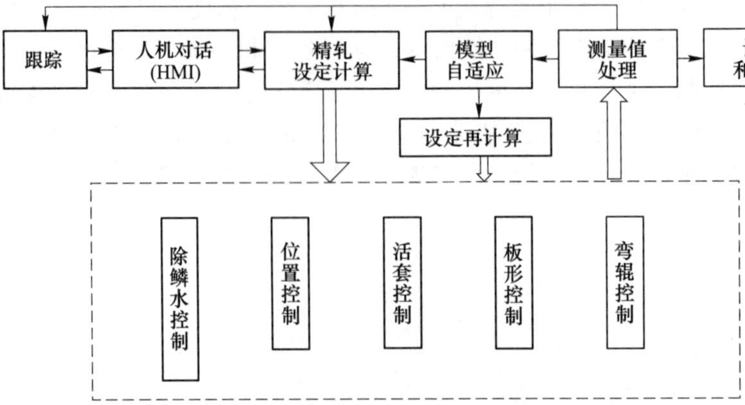

图 6-2 精轧区计算机控制结构图

运行的带钢上，水从喷嘴中以超出连续喷流的流速喷出，水流发生破断，形成水滴群，喷射到带钢表面进行冷却[41]。机架间冷却水控制仿真界面如图 6-3 所示（仿真平台 F8 机架为预留机架）。

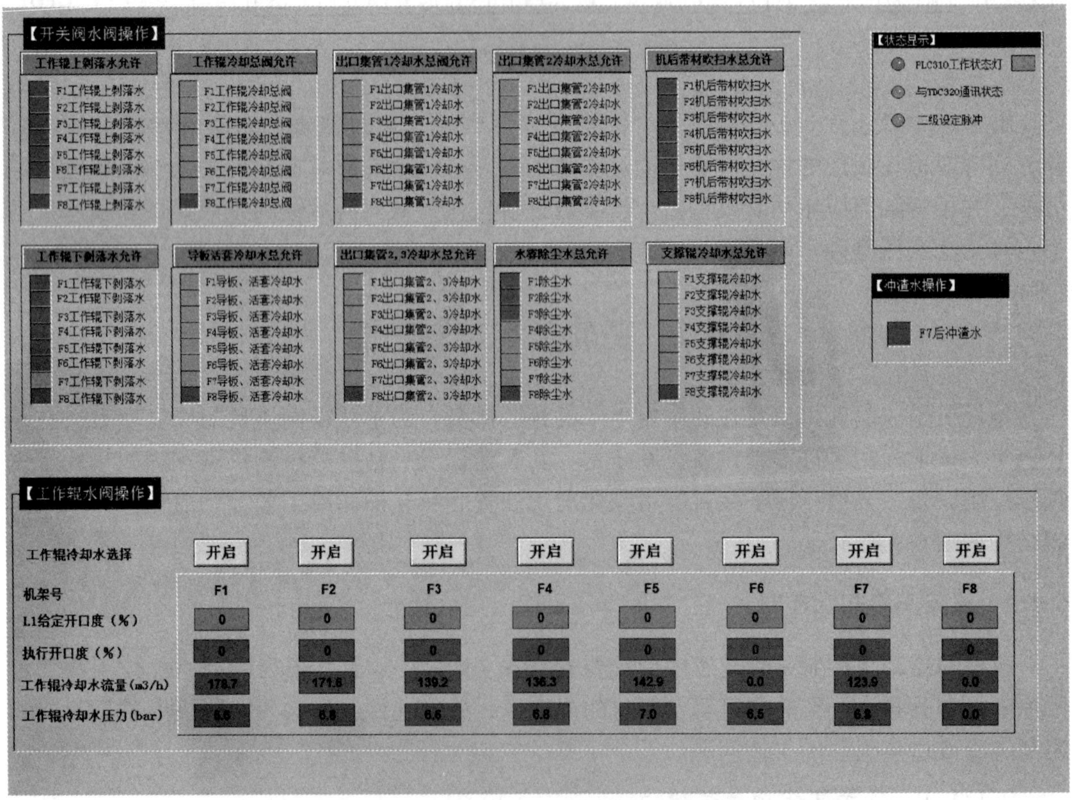

图 6-3 机架间冷却水控制仿真界面

机架间冷却水用于调节钢板温度，以达到目标的出口钢板温度。机架间冷却装置安装在 7 个精轧机架之间，控制元件主要是电动调节阀和电动截止阀，每架间有 1 个电动调节阀，共6个，用于调节冷却水的流量。每架间有1个电动截止阀，共6个，用于控制冷却水的开闭。只有在截止阀是开状态时，对应的调节阀才起到控制冷却水流量的作用。在实际生产中，对应的仿真操作系统如图6-3所示。

6.1.1.2 控制目标和控制策略

机架间冷却控制系统的控制目标：使带钢终轧温度与目标终轧温度尽量接近，最好是与目标终轧温度相吻合；使带钢全长上的终轧温度在误差允许范围内波动，尽量减小带钢头尾温差，使带钢全长温度均匀，从而得到组织性能良好的成品带钢。

控制手段：根据精轧入口温度计实测的带钢温度、中间坯的厚度、运行速度、精轧机组压下量分配、目标终轧温度等初始条件，在保证带钢头部终轧温度达标的前提下，确定在适当的穿带速度下，机架间初始喷水组态和各喷水集管的开口度；穿带完成后，利用PLC控制功能和前馈、反馈控制，动态调整调节阀的开口度，保证带钢全长上终轧温度的均匀。

6.1.1.3 机架间冷却水的前馈控制和反馈控制

机架间冷却水的控制包括前馈控制和反馈控制两种方式。前馈控制主要解决带钢在穿带完成后由于在精轧和粗轧之间的辊道上停留时间较长而导致的温度不均匀问题。当带钢的尾部温度下降时，仍按照二级设定的喷嘴组态和开度进行冷却，可能导致带钢全长方向上出现温度不均匀，前高后低。前馈控制通过精轧入口高温测温仪测得的带钢头部实测温度 T_0，动态调整机架间冷却水的喷洒量。前馈控制根据带钢头部温度与精轧入口温度的温差，确定前馈温差等级，并根据温差等级调节电动调节阀的开口度。不同钢种还可以根据需要进行可变温度控制，从而实现更精准的温度控制。

反馈控制则是在带钢穿带完成后，通过PLC实时检测精轧出口温度，并与目标温度进行比较，计算温差，进而调节机架间冷却水的流量。反馈控制通过动态调节冷却水流量，消除温度偏差，优化轧件精轧出口温度的精度。根据温差等级，反馈控制增大或减小调节阀开口度，并将补偿流量逆轧线方向分配至各冷却装置。补偿流量首先分配给过程机组态有效的末机架间冷却装置，当其流量达到最大开口度时，超出部分补偿至前一机架间的冷却装置；当流量为最小值时，减少的冷却量补偿到前一机架间冷却装置。其他机架间冷却装置的流量补偿遵循相同原则。通过前馈和反馈的联动控制，能够有效提升冷却精度，确保轧件的温度均匀性与板形质量。

6.1.2 精轧机压下APC控制

6.1.2.1 APC系统概述

所谓APC控制就是在指定的时刻，将被控对象的位置自动地调节到预先给定的目标值上，调节后的位置与目标值之差保持在允许的误差范围内，这个调节过程称为位置自动控制，简称APC。本套系统中精轧七个机架的液压APC控制与粗轧电动APC控制的目的相同，但由于执行机构为液压系统，控制系统直接将辊缝设定换算为液压缸的位置给定，由当前位置向目标位置积分来作为位置参考值。作为液压APC，还可以是将轧制力设定换算为液压缸的油压给定。

6.1.2.2 APC系统组成

在现代热连轧机组中，液压APC一般作为液压AGC的内环，执行厚度外环液压AGC

控制向其输出位置（或轧制力）的动态调节量，即辊缝调节量。也就是说液压 APC 是液压 AGC 的执行机构，并进行轧辊的倾斜控制；其次用于轧辊精确预摆辊缝，同电动压下机构联合实现轧辊的校平。在最后一、两个机架，为使板坯板形较好，也可采用液压轧制力控制，实现恒轧制力控制。各机架内环可由操作人员选择恒轧制力控制或恒辊缝控制。液压 APC 控制框图如图 6-4 所示。

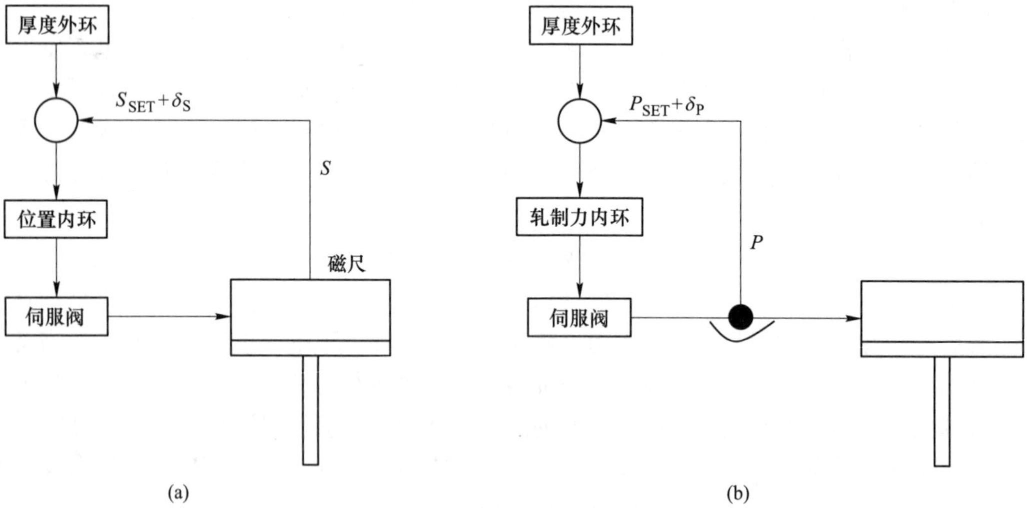

图 6-4 液压 APC 控制框图

（a）位置 APC 内环；（b）压力 APC 内环

6.1.2.3 APC 系统的工作方式

（1）自动工作方式。当压下 APC 系统投入工作时，由计算机根据不同位置偏差给速度调节系统输出不同的速度基准值，以给出不同的压下速度来保证带钢厚度偏差在要求的允许范围内。因此要求控制系统有自动工作方式，由计算机进行控制。

（2）自动调零或手动调零工作方式。为准确计算辊缝，必须先进行调零，即把轧辊压靠到一定的压力 P_0 时的位置作为轧机辊缝的零点，故设有自动调零和手动调零工作方式。

（3）压下手动工作方式。包括手动两侧联动和手动找平工作方式。当计算机发生故障或检修时，采用手动两侧联动工作方式；当两侧辊缝不相等时则采用手动找平工作方式。

F1 压下仿真监控界面如图 6-5 所示。

6.1.3 活套高度和张力控制

恒定活套量和小张力轧制是现代热连轧精轧机组的一个基本特点。在轧制过程中，由于主传动系统总是存在着动态咬钢速降，在稳定轧制阶段又总是存在着各种外部干扰，不可能始终保持各机架之间的速度匹配关系，所以设置活套的主要目的，就是检测到这些偏差，进而通过高度调节吸收这些活套量，使得生产正常稳定，活套高度示意图如图 6-6 所示[42]，实际生产仿真系统如图 6-7 所示。此外，因为在热连轧轧制过程中，板坯温度很高，若受到太大的张力，其张应力就有可能超过金属的流动极限，使带钢受拉（拉窄，变

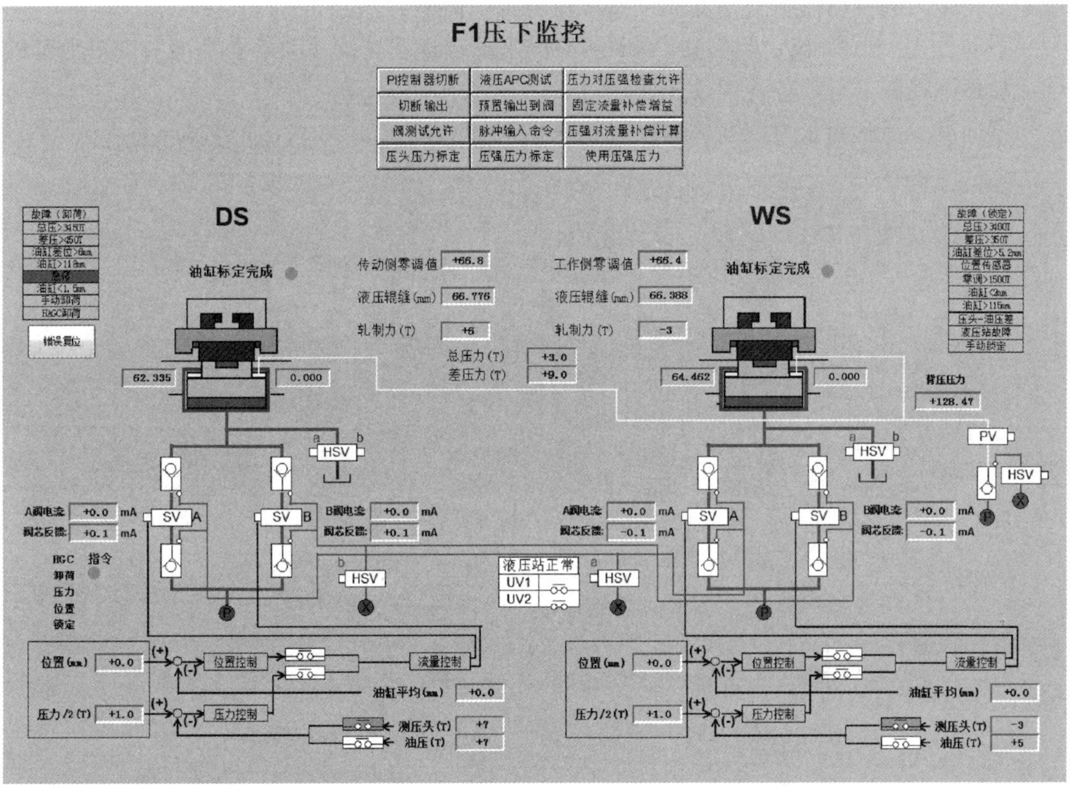

图 6-5　F1 压下仿真监控界面

薄）变形和尾部失张厚跃等一系列降低成品质量的不良后果，而活套装置的另一个作用就是使带钢保持恒定的小张力。

6.1.3.1　活套高度和张力控制的工作原理

活套张力控制，首先根据预设张力、预设带钢的重力，在给定的活套高度下计算出活套合力矩电流给定。一旦活套量变化，会使活套角产生变化，在新的活套角反馈后，又将计算出此刻的张力力矩和重力力矩，再折算出新的合力矩电流设定值。

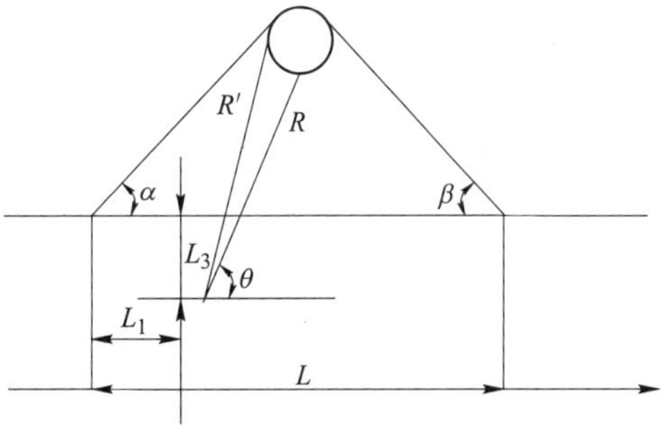

图 6-6　活套高度示意图

在起套过程中，从起套初始阶段后立即进入高度闭环，一旦主速度动态速降恢复，带钢与活套辊接触，则应投入张力控制功能。张力控制的目的是维持恒定小张力轧制，避免产生堆钢和拉钢。

6.1.3.2　活套高度和张力控制的运行方式

半自动方式：由操作人员通过 HMI 键盘设定活套的张力、平衡力和高度基准值，实现活套高度和活套张力的自动控制（活套高度基准也可为一恒值）。

全自动方式：通过接收上位机设定的活套的张力、平衡力和高度基准值，实现活套高度和活套张力的自动控制（活套高度基准也可为一恒值）。

手动方式：由操作人员通过操作手柄给出手动起套基准或手动落套基准实现对活套的抬起和落下控制（轧机停止时使用）。

主速度、活套与张力控制仿真界面如图 6-7 所示。

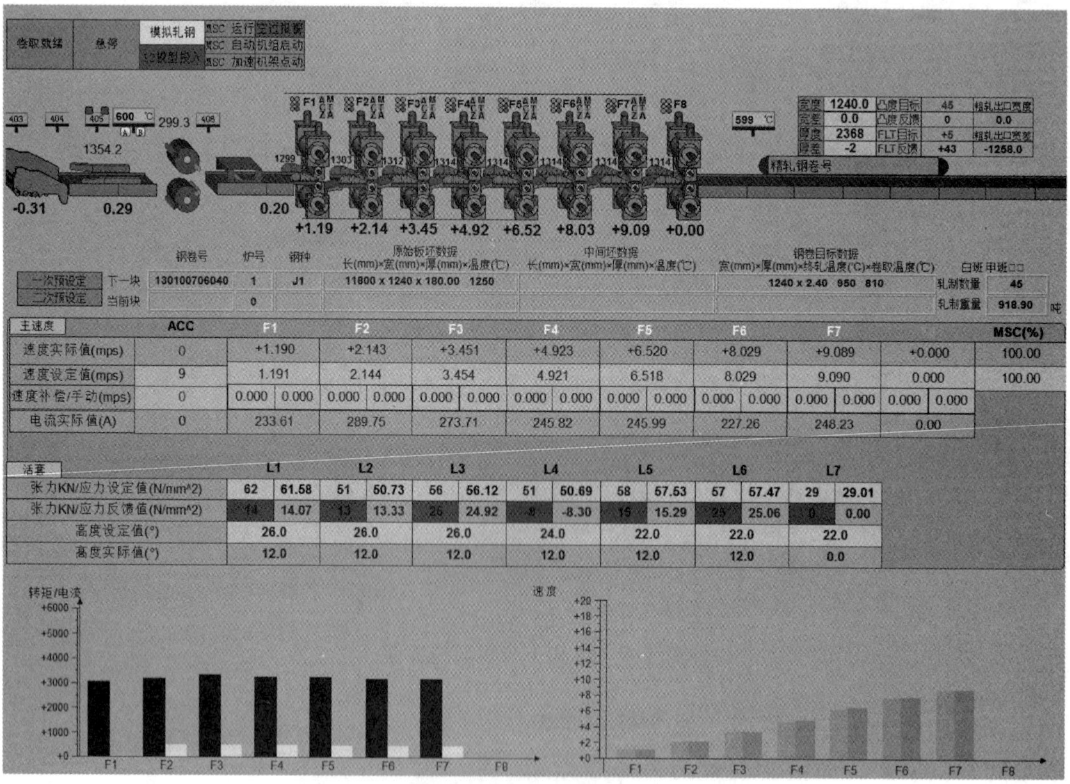

图 6-7　主速度、活套与张力控制仿真界面

6.1.3.3　活套高度和张力控制的关键参数

张力设定值：根据不同材质、厚度的板坯设定合适的张力值。通常在薄板轧制中，张力较低，以避免板坯拉断；而在厚板轧制中，张力较高，以确保板坯的稳定性。

活套臂速度：活套臂的升降速度直接影响张力调节的响应时间，因此应根据实际情况调整速度，以避免过快或过慢造成的张力波动。

活套高度范围：根据板坯的规格和生产工艺限制活套的高度范围，以确保其在合适的操作区间内活动，从而保证张力的稳定性和可控性。

6.1.4　液压 AGC 控制

6.1.4.1　液压 AGC 概述

随着轧制速度和自动化程度的提高，为了更有效地控制带钢的纵向厚度公差，提高成品带钢质量，液压压下相对于电动压下具有如下优点：

（1）惯性小，反应快，截止频率高，对外来干扰跟随性好，调节精度高；

（2）由于系统响应快，对轧辊偏心引起辊缝发生高频周期变化的干扰能进行有效的消除；

（3）可以实现对轧机刚度系数的调节，因此可根据不同的轧制条件选择不同的刚度系数，来获得所要求的轧出厚度。

现代带钢热连轧机，一般要求在全长各点厚度值和锁定值之差小于±0.03 mm。设定模型对各机架的辊缝预设定主要解决了带钢头部精度，但在实际轧制过程中会遇到各种干扰，为了消除这些干扰的影响，减少带钢厚度公差，需设置精轧机组自动厚度控制系统，因此 AGC 系统是热连轧精轧机组自动控制中一个极为重要的组成部分，是提高热轧带钢全长厚度精度的主要手段。目前在现代带钢热连轧机上广泛采用直接数字控制计算机进行厚度自动控制，简称 DDC-AGC 系统，它能综合采用多种形式的厚度自动控制系统，以适应不同钢种、不同成品规格以及各工艺参数变化的要求。图 6-8 为 AGC 控制仿真界面。

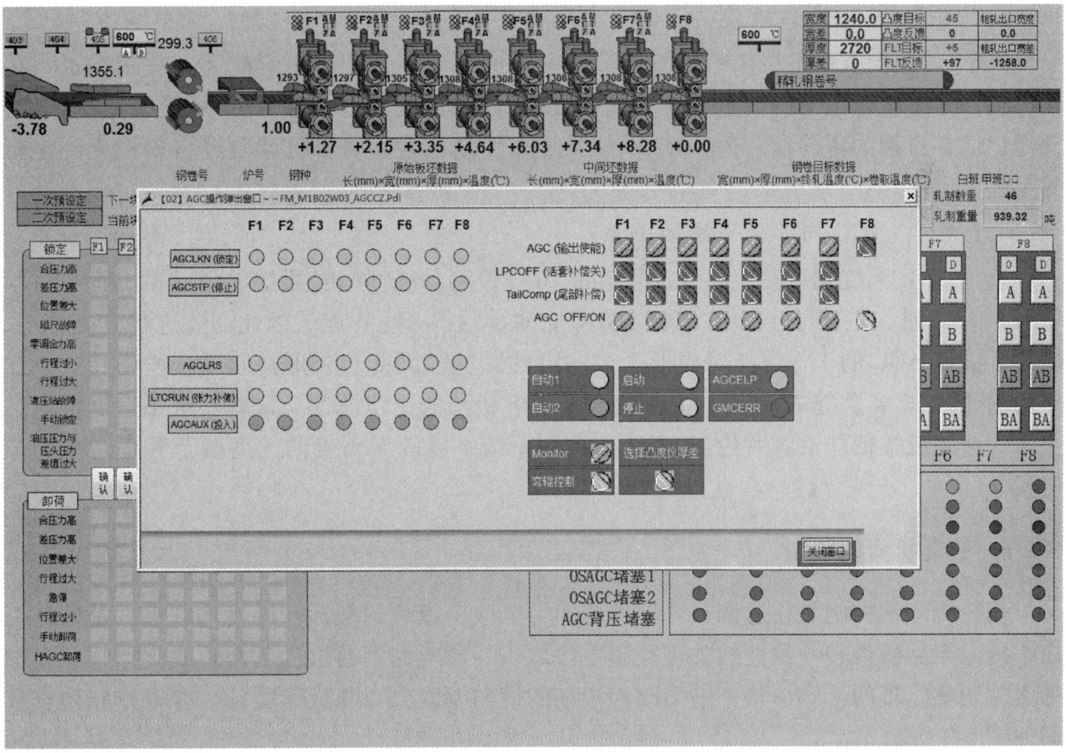

图 6-8 AGC 控制仿真界面

AGC 系统采用的基本方程是弹跳方程：

$$h = S + \frac{P - P_0}{C} + S_F + O + G \tag{6-1}$$

式中，P 为当前轧制力，N；P_0 为设定的轧制力，N；S_F 为弯辊力造成的厚度变化，mm；O 为油膜轴承的油膜厚度变化，mm；G 为辊缝零位，mm；C 为轧机的刚性系数，N/mm；S 为轧辊辊缝值，mm。

为了进一步提高厚度控制精度，需采取各种补偿措施，主要是弯辊力造成的厚度变化补偿、油膜厚度补偿以及辊缝零位补偿。同时以利用测厚仪直接测得的成品带钢厚度值为基准对 AGC 系统进行监视，另外为了克服以弹跳方程为基础的反馈式 AGC 系统的滞后现象，在 AGC 系统中增加前馈控制功能。

6.1.4.2 液压 AGC 系统的厚度锁定方法

厚度锁定有两种方法。第一种方法是以设定值为目标（绝对 AGC），当板坯轧出后，用弹跳方程间接测量的钢板厚度与目标值的偏差进行厚度调节。该方法要求将整个带钢的厚度都向设定值调节。如果由于空载辊缝设定不当，板坯头部的厚度与设定值相差太大，采用这种方法会造成压下系统负荷过大，同时也会将带钢调节成楔形厚差。第二种方法以头部实测厚度作为目标值，这样有利于带钢全长厚度均匀，但其厚度值不一定符合产品所要求的设定值。在生产中，可由操作人员根据情况决定采用哪种方法工作，当选用绝对 AGC 时，若设定误差太大，控制系统将自动改用相对 AGC。

6.1.4.3 自动复位功能

由于 AGC 投入后各机架的辊缝值都已偏离原设定值，为了不影响下一块带钢进入精轧机组，缩短辊缝调节的时间，AGC 系统设有自动复位功能。在 AGC 系统开始工作时，首先记忆各机架的辊缝设定值，在 AGC 系统工作结束时，将各机架辊缝自动恢复到记忆的辊缝设定值。

6.1.4.4 AGC 与其他系统的关系

液压 AGC 系统相对较为独立，且自带 APC 控制功能，APC 程序的公共输出将通过其 CPU 进行处理。在运行过程中，液压 AGC 会对前后滑产生影响，因此需要进行套高补偿。同时，液压 AGC 的工作可能对板形产生一定的影响，因此与板形控制系统密切相关。在启用前馈 AGC 和监控 AGC 时，必须实时了解各机架的出口速度。这就要求主速度控制程序中的速度反馈值能够及时传递到 AGC 控制系统，以确保精确的速度调节和稳定的生产过程。

6.1.5 精轧机弯辊控制

精轧机弯辊控制是通过调节轧辊的弯曲力来改善板坯的板形和厚度均匀性，是精轧工序中确保产品质量和一致性的关键控制手段之一。弯辊控制通过在工作辊或支撑辊上施加外力，调整轧辊的接触形状，进而改善板坯的横向厚度分布和板形质量。弯辊控制仿真界面如图 6-9 所示。

6.1.5.1 弯辊控制的基本原理

在轧制过程中，由于轧辊受到轧制力的作用，会产生不同程度的变形或弯曲，这种变形会导致板坯厚度和板形出现不均匀现象。弯辊控制通过对工作辊或支撑辊施加额外的弯曲力，以抵消轧制力造成的轧辊变形，从而保持板坯的平整度。弯辊力的计算公式为[43]

$$F_b = K \times E \times I \times \Delta L \tag{6-2}$$

式中，F_b 为弯辊力，kN；K 为弯辊力修正系数；E 为轧辊材料的弹性模量，Pa；I 为轧辊截面的惯性矩，mm^4；ΔL 为轧辊的变形量，mm，随轧制力变化。

6.1.5.2 弯辊控制的关键参数

弯辊力大小：根据板坯的宽度、厚度、材质等设定合适的弯辊力。弯辊力过小可能无

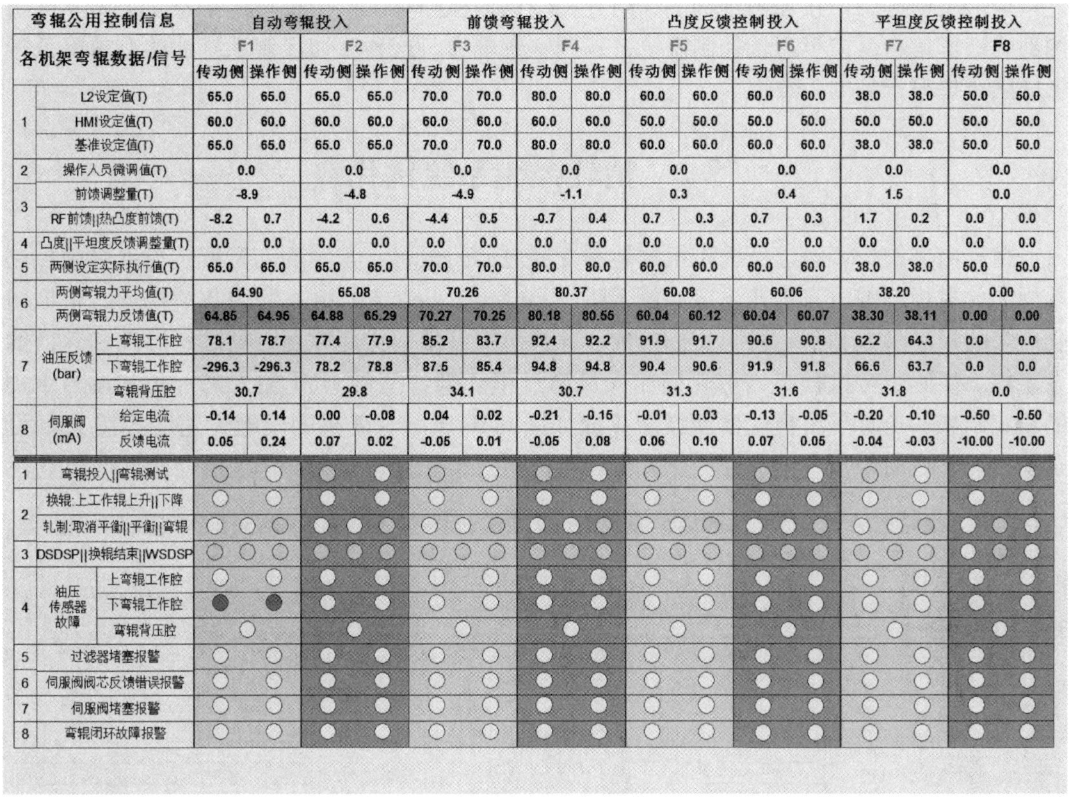

弯辊公用控制信息		自动弯辊投入				前馈弯辊投入				凸度反馈控制投入				平坦度反馈控制投入			
各机架弯辊数据/信号		F1		F2		F3		F4		F5		F6		F7		F8	
		传动侧	操作侧	传动侧	操作侧	传动侧	操作侧	传动侧	操作侧	传动侧	操作侧	传动侧	操作侧	传动侧	操作侧	传动侧	操作侧
1	L2设定值(T)	65.0	65.0	65.0	65.0	70.0	70.0	80.0	80.0	60.0	60.0	60.0	60.0	38.0	38.0	50.0	50.0
	HMI设定值(T)	60.0	60.0	60.0	60.0	60.0	60.0	60.0	60.0	50.0	50.0	50.0	50.0	50.0	50.0	50.0	50.0
	基准设定值(T)	65.0	65.0	65.0	65.0	70.0	70.0	80.0	80.0	60.0	60.0	60.0	60.0	38.0	38.0	50.0	50.0
2	操作人员微调值(T)	0.0		0.0		0.0		0.0		0.0		0.0		0.0		0.0	
3	前馈调整量(T)	-8.9		-4.8		-4.9		-1.1		0.3		0.4		1.5		0.0	
	RF前馈||热凸度前馈(T)	-8.2	0.7	-4.2	0.6	-4.4	0.5	-0.7	0.4	0.7	0.3	0.7	0.3	1.7	0.2	0.0	0.0
4	凸度||平坦度反馈调整量(T)	0.0	0.0	0.0	0.0	0.0	0.0	0.0	0.0	0.0	0.0	0.0	0.0	0.0	0.0	0.0	0.0
5	两侧设定实际执行值(T)	65.0	65.0	65.0	65.0	70.0	70.0	80.0	80.0	60.0	60.0	60.0	60.0	38.0	38.0	50.0	50.0
6	两侧弯辊力平均值(T)	64.90		65.08		70.26		80.37		60.08		60.06		38.20		0.00	
	两侧弯辊力反馈值(T)	64.85	64.95	64.88	65.29	70.27	70.25	80.18	80.55	60.04	60.12	60.04	60.07	38.30	38.11	0.00	0.00
7	油压反馈(bar) 上弯辊工作腔	78.1	78.7	77.4	77.9	85.2	83.7	92.4	92.2	91.9	91.7	90.6	90.8	62.2	64.3	0.0	0.0
	油压反馈(bar) 下弯辊工作腔	-296.3	-296.3	78.2	78.8	87.5	85.4	94.8	94.8	90.4	90.6	91.9	91.8	66.6	63.7	0.0	0.0
	油压反馈(bar) 弯辊背压腔	30.7		29.8		34.1		30.7		31.3		31.6		31.8		0.0	
8	伺服阀(mA) 给定电流	-0.14	0.14	0.00	-0.08	0.04	0.02	-0.21	-0.15	-0.01	0.03	-0.13	-0.05	-0.20	-0.10	-0.50	-0.50
	伺服阀(mA) 反馈电流	0.05	0.24	0.07	0.02	-0.05	0.01	-0.05	0.08	0.06	0.10	0.07	0.05	-0.04	-0.03	-10.00	-10.00
1	弯辊投入||弯辊测试																
2	换辊:上工作辊上升||下降																
	轧制:取消平衡||平衡||弯辊																
3	DSDSP||换辊结束||WSDSP																
4	油压传感器故障 上弯辊工作腔																
	油压传感器故障 下弯辊工作腔																
	油压传感器故障 弯辊背压腔																
5	过滤器堵塞报警																
6	伺服阀阀芯反馈错误报警																
7	伺服阀堵塞报警																
8	弯辊闭环故障报警																

图 6-9 弯辊控制仿真界面

法矫正轧辊变形，导致板形问题；弯辊力过大则可能对板坯造成损伤或增加能耗。

弯辊力的施加位置：弯辊力施加的位置影响板坯的横向厚度分布。在宽幅板坯轧制中，可以在轧辊两端施加更大的力，以矫正端部翘曲；在窄幅板坯轧制中，施加均匀弯辊力即可。

弯辊力分布：弯辊力的分布可以是对称或不对称的，具体选择取决于板坯的板形特性。通常在对称板形控制中，采用对称力分布；而在处理不对称板形问题时，可以调整弯辊力的分布来达到平衡。

精轧过程的板形控制效果可以通过平直度（F_{latness}）等指标来评价，平直度的计算公式如下：

$$F_{\text{latness}} = \frac{\Delta h}{L} \times 100\% \tag{6-3}$$

式中，Δh 为在一定长度范围内的厚度差异，mm；L 为测量长度，mm。

6.1.5.3 弯辊控制的控制方式

恒定弯辊力控制：根据板坯的材质、宽度、厚度和工艺要求，设定一个恒定的弯辊力。在整个轧制过程中，弯辊力保持不变，以保证板形的一致性。

动态弯辊力控制：实时监测板坯的板形和厚度变化，自动调整弯辊力。在轧制不同规格和材质的板坯时，动态控制可以快速响应变化，提高板形和厚度控制精度。

板形反馈控制：在轧制过程中，通过在线板形检测系统监测板坯的平整度，将实际检测到的板形信息反馈至弯辊控制系统，以调整弯辊力。这种反馈控制系统能够有效降低板形缺陷，提升产品的一致性。

6.2 精轧控制系统优化

粗轧出来的板坯经过精轧机组的轧制变成更薄的板材，其厚度、宽度、温度必须控制在规定的目标范围内。精轧设定系统 FSU（Finishing Set-up Unit）利用数学模型，根据粗轧出来的板坯参数和精轧机组目标参数，计算出控制带钢头部厚度、宽度、温度和速度的设定值。实际生产过程中，精轧操作人员通过精轧操作室的 HMI 输入来干预和调节 FSU 的设定结果，仿真平台精轧模型设定界面如图 6-10 所示。轧机的辊缝、速度等按 FSU 设定后，在轧机尚未咬入钢前，操作人员还可以通过精轧操作室的操作柄或界面进行调整。

参数名称	F1	F2	F3	F4	F5	F6	F7
入口厚度(mm)	38.31	22.01	13.24	8.76	5.77	4.29	3.43
出口厚度(mm)	22.01	13.24	8.76	5.77	4.29	3.43	2.96
轧机辊缝(mm)	22.06	13.23	8.75	6.07	4.70	4.25	4.30
轧制速度(mps)	1.23	2.05	3.12	4.72	6.42	8.10	9.50
速度补偿	5	5	4	4	3	1	1
压下率(%)	42.56	39.84	33.86	34.14	25.58	20.11	13.80
出口温度(℃)	986.91	950.41	940.07	930.32	917.77	903.66	887.87
轧制力(t)	1708.48	1743.38	1569.07	1394.76	1046.09	871.77	698.80
弯辊力(t)	56.00	64.00	99.00	83.00	35.88	37.81	51.65
窜辊量(mm)	-50.89	-31.12	-117.81	-58.19	-19.47	17.89	-14.74
活套张力(MPa)	4.90	6.86	7.84	9.60	9.80	11.76	
活套高度(°)	24.00	24.00	23.00	23.00	22.00	21.00	
轧机功率(kW)	3279.95	4325.58	4146.77	4689.05	3381.78	2476.12	1975.99
前滑系数(%)	0.094	0.091	0.083	0.083	0.071	0.062	0.050
带钢冷却(%)	100	0	0	0	0	0	
侧导板开口度(mm)	1274.94	1274.94	1284.94	1274.94	1274.94	1277.94	1277.94

图 6-10 精轧模型设定仿真界面

6.2.1 精轧入口温度计算模型

精轧机组入口温度计算流程图如图 6-11 所示[44]。

精轧入口设置有温度计，但由于板坯表面有氧化铁皮，影响了精轧入口处的温度 R_{T0} 测量值的可靠性。如果 R_{T0} 的测量值可靠，则 FSU 的第二次设定可以依据该测量值；如果不可靠，在 FSU 第一次设定时，R_{T0} 只能通过计算获得。同时精轧入口装有热卷箱，热卷箱的工作状态对精轧入口温度影响较大，具体影响如下：

（1）热卷箱工作时。

1）表格法：根据不同的粗轧出口厚度、不同的粗轧出口温度、不同的粗轧板坯长度，建立热卷箱温降表。计算公式为：

$$R_{T1} = R_T - \text{查表值} \tag{6-4}$$

式中，R_T 为热卷箱入口温度，℃。

2）计算法：通过函数关系 $R_{T1} = f(R_T)$ 来计算。在板坯从热卷箱出口到精轧机组中第一机架（F1）的入口的运行过程中，主要的散热方式为热辐射，板坯在输送辊道间的热传导可以忽略。

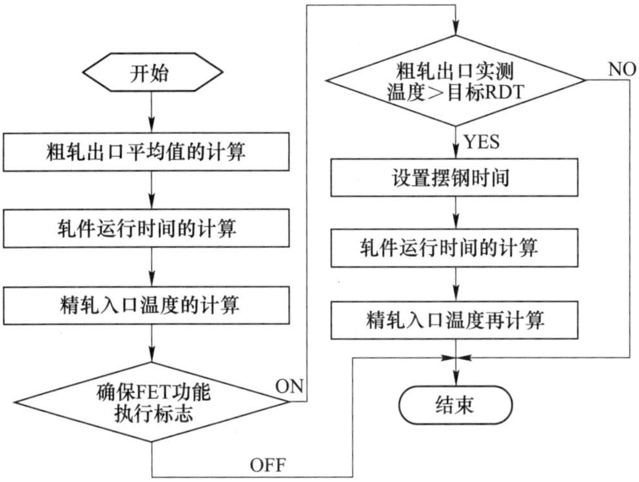

图 6-11 精轧机组入口温度计算流程图

(2) 热卷箱不工作时。在板坯从粗轧出口到 F1 入口的运行过程中，主要散热方式同样为热辐射，板坯与输送辊道间的热传导同样可以忽略。

6.2.2 精轧厚度设定模型

粗轧出口没有测厚仪，为了计算精轧机组各架出口厚度设定值，首先需要根据弹跳方程计算粗轧出口厚度：

$$H_{R1} = S_{DR1} + (F_{OCR1} - Z_{ERFOCR1})/M_{R1} \tag{6-5}$$

式中，H_{R1} 为粗轧机组的最后一道机架（即 R1）出口板厚计算值，mm；S_{DR1} 为 R1 辊缝实际值，mm；F_{OCR1} 为 R1 压力实际值，kN；$Z_{ERFOCR1}$ 为 R1 零调压力，kN；M_{R1} 为 R1 轧机常数，kN/mm。

计算出粗轧出口厚度后，根据精轧出口目标带钢厚度，按照能耗模型及精轧负荷分配可以确定各轧机出口厚度。负荷分配根据轧机能力和工艺要求制表，给操作人员一定范围的修正余地。首先给定温度 T_{mp} 和各个精轧机架负荷分配 D_{isj} 的定义

$$T_{mp} = K_1 \times [\ln(H_{R1}/X_{ryst})]^2 + K_2 \times \ln(H_{R1}/X_{ryst}) + K_3 \tag{6-6}$$

$$D_{isj} = \left(1 + \frac{50 - d_{swi}}{100}\right) \times B_{li} \tag{6-7}$$

式中，T_{mp} 为给定温度，℃；D_{isj} 为精轧机架负荷分配，%；K_1、K_2、K_3 为能耗模型系数；X_{ryst} 为测厚仪设定值，mm；d_{swi} 为操作工修正值，%；B_{li} 为数据表格值，根据钢种、厚度、宽度分档。

求得最终厚度 H_{fi}：

$$H_{fi} = H_{R1} \times \exp\left(\frac{K_2 - \sqrt{K_2^2 - 4K_1\left(K_3 - \sum_{j=1}^{i} D_{isj} \times T_{mp}\right)}}{2K_1}\right) \tag{6-8}$$

同时定义用于功率校验的总能耗：

$$T_{ohht} = K_{pg} \times [1 + K_t \times (T_b - T_e)] \times T_{mp} \tag{6-9}$$

式中，H_{R1} 为粗轧出口厚度，mm；T_{mp} 为给定温度，℃；K_{pg} 为钢种修正系数，普钢为 1，其他钢初值为 1；K_t 为温度系数；T_b 为初始温度，℃；T_e 标准的 R_{T0}，℃。

6.2.3　穿带速度设定模型

精轧末架的穿带速度决定了处于穿带状态下的秒流量。设定时，除考虑冷却性能、生产能力外，还要考虑在精轧机架、输出辊道上的穿带，运输的稳定性和卷取机的功率等因素。

精轧末机架穿带速度和最高速度设定有两种方式：表格法和操作人员手动设定法。操作人员手动设定法是由操作人员确定末机架穿带速度；表格法是按标准表设定，表格以外的带钢厚度用内插法求得。

由于精轧过程是一个连轧过程，确定了末架的穿带速度后，可根据秒流量相等的原理计算出其他各轧机的穿带速度。

第 i 个轧机精轧前滑率 S_{lpi} 计算公式如下：

$$S_{lpi} = (a_1 \times R_{ei} + a_2)/2 + a_3 \tag{6-10}$$

式中，a_1、a_2、a_3 为模型系数；R_{ei} 为第 i 个轧机的压下率，%。

第 i 个轧机标准辊径 R_{si} 计算公式如下：

$$R_{si} = \frac{H_{in} + H_{fi}}{2} \tag{6-11}$$

式中，H_{fi} 为出口目标厚度，mm；H_{in} 为入口厚度，mm。

由式（6-10）和式（6-11）得各轧机的穿带速度计算公式如下

$$v_i = X_{ryst} \times v_6 \times (1 + S_{lp6}) \times R_6 \times R_{si}/[H_{fi} \times (1 + S_{lpi}) \times R_i \times R_{s6}] \tag{6-12}$$

式中，v_i 为第 i 个轧机的穿带速度，mm/s；R_i 为轧机辊径，mm；R_{s6} 为第六个机架的轧机辊径，mm。

E2 轧机作为精轧连轧机的前导，也要遵循秒流量相等的原理

$$v_{E2} = X_{ryst} \times v_6 \times (1 + S_{lp6}) \times R_6/[H_{e2} \times R_{s6}] \tag{6-13}$$

式中，v_{E2} 为 E2 机架的速度，mm/s；v_6 为第 6 机架的出口速度，m/s；H_{e2} 为 E2 机架的轧制厚度，mm；R_{s6} 为第六个机架的轧机辊径，mm；S_{lp6} 为第 6 机架的滑移率，%。

为使精轧前辊道的转速与 F1 轧辊的转速同步，须对精轧前辊道的速度进行补偿，补偿量公式如下：

$$C = 100 \times (1 - H_{f1}/h_0 \times R_1/R_{1m}) \tag{6-14}$$

式中，H_{f1} 为出口目标厚度，mm；h_0 为精轧来料厚度，mm；R_1 为 F1 辊径，mm；R_{1m} 为 F1 最大辊径，mm。

6.2.4　轧机出口温度模型

轧机出口温度模型是用来预测和控制在金属轧制过程中，材料在轧机出口处的温度。这个模型对于确保材料的质量和性能至关重要，因为温度直接影响材料的微观结构和最终特性。根据精轧影响温度的各个因素，计算精轧各机架出口温度 $T_{Fi}(i = 1, 2, \cdots, 7)$，首先介绍几个温降并计算出轧机入口温度：

除鳞温降：

$$T_{DDi}=C_{KT}\times 0.38\times 0.001\times(T_{F(i-1)}-T_{FW})/v_A \tag{6-15}$$

式中，C_{KT} 为热传导系数；$T_{F(i-1)}$ 为初始温度，℃；T_{FW} 为工作温度，℃；v_A 为除鳞水的流速，m/s。

机架间喷水温降：

$$T_{DSi}=C_{KT}\times(C_{BT}+C_{BTFi})\times 0.25\times 0.001\times(T_{F(i-1)}-T_{FW})/v_A \tag{6-16}$$

式中，C_{BT} 为机架间喷水及辐射温降调节系数；$T_{F(i-1)}$ 为初始温度，℃；T_{FW} 为工作温度，℃；C_{BTFi} 为机架间喷水及辐射温降调节系数的自学习项。

机架间热辐射温降：

$$T_{DAi}=C_{KT}\times(C_{BT}+C_{BTFi})\times 2\times 0.8\times 5.67/7800/1169\times 5.5/v_A\times((T_{F(i-1)}+273)/100)\times 4 \tag{6-17}$$

由式（6-15）~式（6-17）得出各轧机入口温度 T_{F0i}：

$$T_{F0i}=T_{F0(i-1)}-T_{DDi}-T_{DSi}-T_{DAi} \tag{6-18}$$

接触温降：

$$T_{DCi}=4\times \mathrm{Sqrt}\left(\frac{3.18\times 0.000001}{3.14159\times L_D\times v_i/60}\right)\times 0.55\times L_D/\lambda_C\times(T_{F0i}-150) \tag{6-19}$$

式中，L_D 为材料的长度，m；λ_C 为热导率，W/(m · K)；v_i 为轧制速度，m/s。

轧制热升温：

$$T_{DRi}=K_{Mi}\times Q_{Pi}\times\ln(H_{i-1}/H_i)\times 1000000/(427\times 780\times 2.79)\times VALN \tag{6-20}$$

式中，K_{Mi} 为经验系数；Q_{Pi} 为生成的热量，W。

精轧出口处到温度计处热辐射温降：

$$T_{DAF7}=C_{KT}\times(C_{BT}+C_{BTFi})\times 2\times 0.8\times 5.67/7800/1169\times 7.185/v_A\times((T_{F6}+273)/100)\times 4 \tag{6-21}$$

由式（6-18）~式（6-20）得出各轧机出口温度 T_{F1i}：

$$T_{F1i}=T_{F0i}+T_{DRi}-T_{DCi} \tag{6-22}$$

最终求得精轧出口温度处的温度：

$$T_{F7}=T_{F17}-T_{DAF7} \tag{6-23}$$

式中，T_{F17} 为第 7 个轧机轧机出口温度，℃；T_{DAF7} 为精轧出口处到温度计处热辐射温降，℃。

6.2.5 轧制力模型

变形区是板坯在轧制过程中直接与轧辊相接触发生塑性变形的区域，对于各机架变形抗力的计算，轧制过程的基本过程如图 6-12 所示，首先给出一些系数的计算公式[45]。

碳当量计算：

$$CE=a_3\times w(\mathrm{C})+a_4\times w(\mathrm{Mn})+a_5\times w(\mathrm{Si})+a_6\times w(\mathrm{Cu}) \tag{6-24}$$

式中，$w(\mathrm{C})$ 为碳含量，0.1%；$w(\mathrm{Mn})$ 为锰含量，0.1%；$w(\mathrm{Si})$ 为硅含量，0.1%；$w(\mathrm{Cu})$ 为铜含量，0.1%；a_3、a_4、a_5、a_6 为模型系数。

温度系数计算：

$$K_{Fi}=a_1\times\exp(a_2/T_{Fi}+CE) \tag{6-25}$$

式中，T_{Fi} 为钢材的温度，℃；a_1、a_2 为模型系数。

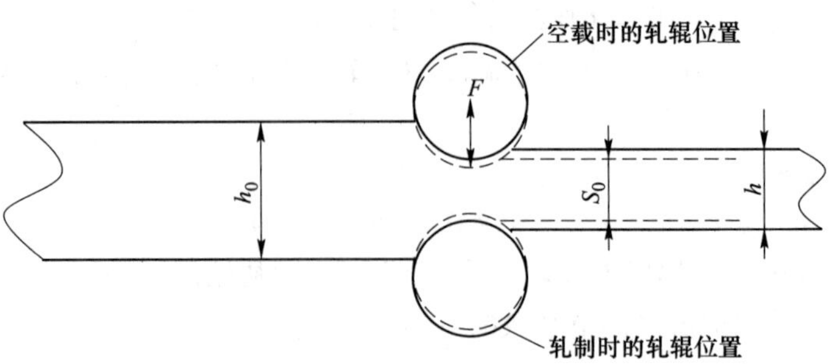

图 6-12　轧制过程的基本过程

变形程度计算：

$$F_{eoi} = \ln[1/(1 - R_{ei})] \tag{6-26}$$

式中，R_{ei} 为第 i 个轧机压下率。

变形速度计算：

$$F_{eosi} = \frac{2 \times v_i \times 10^3 \times \sqrt{\dfrac{R_i \times 10^2}{2 \times H_{i-1}}}}{60 \times \sqrt{R_{ei}} \times R_{si}} \times F_{eoi} \tag{6-27}$$

式中，v_i 为第 i 个轧机的速度，mm/s；F_{eoi} 为第 i 个轧机的变形程度；H_{i-1} 为第 $i-1$ 个轧机的厚度，mm；R_{ei} 为第 i 个轧机压下率。

由碳含量和温度决定的变形抗力计算：

$$F_{mm} = a_7 + a_8 \times w(\mathrm{C}) + a_9 \times T_{Fi} \tag{6-28}$$

式中，T_{Fi} 为钢材的温度，℃。

由锰、铁素体含量和温度决定的变形抗力计算：

$$F_n = a_1 + a_2 \times w(\mathrm{Mn}) + a_3 \times F_{eosi} - a_4 \times T_{Fi} \tag{6-29}$$

式中，F_{eosi} 为第 i 个轧机变形速度，mm/s。

最终求得变形抗力：

$$\begin{aligned} K_{mi} &= 1.15 \times F_{tcfi} \times F_{fmi} \times F_{eoxi} \\ &= 1.15 \times F_{tcfi} \times a_{10} \times (F_{eoi}/0.4)F_n - (a_{10} - 1) \times \\ &\quad F_{eoi}/0.4 \times (F_{eosi}/10)F_{mm} \end{aligned} \tag{6-30}$$

对于接触弧长计算：

$$l_{di} = \sqrt{d_{di} \times \frac{H_{i-1} - H_i}{200}} \tag{6-31}$$

式中，d_{di} 为轧辊直径，mm；H_i 为轧件通过轧机后的厚度，mm；H_{i-1} 为轧件通过轧机后的厚度，mm。

对于应力状态系数计算，令 $H_{ci} = [(H_{i-1} + H_i)/2]$，依应力状态系数模型计算 Q_{pi}

$$Q_{pi} = Q_{p1i} \times l_{di}/H_{ci} \times 100.0 + Q_{p2i} \times l_{di}/H_{ci} \times 100.0 \times R_{ei} + Q_{p3i} \times R_{ei} + Q_{p4i} \tag{6-32}$$

式中，l_{di} 为接触弧长，mm；H_{ci} 为变形区的平均厚度，mm；Q_{p1i}、Q_{p2i}、Q_{p3i}、Q_{p4i} 为抗变形能力的修正系数。

最终得出轧制力预报计算公式：

$$F_{oci}=K_{pi}\times Q_{pi}\times K_{mi}\times l_{di}\times W\times(1+K_{pfi})\tag{6-33}$$

式中，K_{mi} 为变形抗力，kN；l_{di} 为接触弧长，mm；W 为轧件宽度，mm。

6.2.6 弹跳模型

轧机弹跳量一般可以达到 2~5 mm，对于热轧来说，由于压下量仅为几个毫米甚至小于 1 mm，轧机的弹跳量与压下量属同一个数量级，甚至弹跳量超过钢板厚度，因此必须考虑弹跳影，并需对弹跳值进行精确计算，这样才能得到符合公差要求的产品。轧机的弹跳用下式计算[46-47]：

$$S_C=\frac{P}{C_0+\beta(B_0-B)}-\frac{P_0}{C_0}=\frac{P}{C_P}-\frac{P_0}{C_0}\tag{6-34}$$

式中，S_C 为轧机弹跳量，mm；P 为轧制力，kN；P_0 为轧机预压靠力，kN；C_0 为用预压靠法得到的刚性系数，kN/mm；C_P 为轧制板宽为 B 的板坯时的轧机刚性系数，kN/mm；β 为宽度对刚性系数的影响系数。

6.2.7 压下位置模型

压下位置模型 RPM（Reduction Position Model）在热轧过程中的作用是预测和控制钢材在每一轧制阶段的变形程度，特别是轧制后钢材的厚度变化。通过这一模型，可以有效地计算轧制过程中压下量和最终产品的尺寸，进而优化轧制参数，提高生产效率并保证产品质量。压下位置

$$S_{di}=H_{fi}+M_{si}+O_i+G_i\tag{6-35}$$

式中，H_{fi} 为出口目标厚度，mm；M_{si} 为厚度修正值，mm；O_i 为油膜厚度，mm；G_i 为间隙误差，mm。

6.2.8 活套设定模型

活套的平衡重转矩设定值等于机架间活套零张角时为支持带材全部重量所需的转矩乘上比例因子。第 i 机架与第 $i+1$ 机架之间的带钢重量为：

$$W_i=Bh_{fi}l\rho\tag{6-36}$$

式中，B 为成品宽度，mm；h_{fi} 为第 i 个机架出口板厚，mm；l 为机架间距离，mm；ρ 为钢带密度，g/mm^3。

平衡重转矩设定值：

$$X_{Wi}=\frac{K_{Wi}W_i}{G}\tag{6-37}$$

式中，G 为活套电机间的传动比；K_{Wi} 为比例因子。

活套为给予板材合适的张力需要一个转矩，与单位张力和板材断面积的积成正比，计算由下式进行。L4 向 L3 的输出是 50°张角时的张力转矩乘上比例因子后的值。首先给定第 $i/(i+1)$ 机架间张力值

$$T_i=B\times h_{fi}\times t_{Ui}\tag{6-38}$$

式中，t_{Ui} 为单位张力，N；B 为成品宽度，mm；h_{fi} 为第 i 个机架出口板厚，mm。

给定有效臂长 R' 计算公式：

$$R' = \sqrt{R^2 + \left(\frac{D}{2}\right)^2 + RD\sin\theta'_i} \tag{6-39}$$

式中，D 为活套挑的辊径，mm；θ'_i 为有效臂角度，(°)。

给定张力转矩计算公式：

$$q_{Ti} = \frac{R'}{G} T_i [\sin(\theta'_i + \beta_i) - \sin(\theta'_i - \alpha_i)] \tag{6-40}$$

给定计算机设定输出：

$$X_{Ti} = K_{Ti} \times q_{Ti} \quad (\theta' = 50° \text{时}) \tag{6-41}$$

式中，K_{Ti} 为常数。

活套高度控制的目标值由表 6-1 决定。系统模型选取 3 号轧机和 4 号轧机间活套 L3 为研究对象，工作点参数见表 6-1[48]。

表 6-1　活套系统参数表

变量	参数	单位	变量	参数	单位
θ	26	(°)	E	2.1×10^5	MPa
ϕ	4.8	MPa	ξ_0	16	(°)
l_a	49	(°)	L	5.5	m
h_d	0.27	m	f_3	0.82	MPa
R	0.75	m	τ_{b3}	3.0	MPa
r	0.138	m	τ_{f4}	5.5	MPa
r'	0.35	m	ω_v	628	rad/s
ξ_v	0.6		ω_r	0.1	1/s
h_0	9.44	m	A	1187	1/s
ω_h	2.816	1/s	K_c	3.3×10^{-11}	N/m

其中设定输出时根据查表的值用下式求得

$$X_{Hi} = K_{Hi}\theta_i^2 \tag{6-42}$$

式中，K_{Hi} 为常数。

6.2.9　精轧出口测宽仪、测厚仪设定模型

测宽仪用于测量材料在轧制过程中的宽度。设定模型的目标是确保最终产品的宽度符合规格要求。为了在常温下使带钢的宽度满足订货宽度的要求，在热状态下，应进行热膨胀修正，精轧出口宽度 Y 计算公式如下：

$$Y = b \times (1 + a_1 \times T_{F6}) + a_2 \tag{6-43}$$

式中，a_1 为热膨胀系数；a_2 测宽仪偏差，mm；T_{F6} 为轧制时钢材温度，℃；b 为比例系数。

测厚仪用于测量材料在轧制过程中的厚度。设定模型的目标是确保最终产品的厚度符合规格要求。精轧出口测厚仪的设定值 x 可根据成品厚度及其转换代码用下式求出

$$x = h_c + c_1 \times c + c_2 \times h_c \tag{6-44}$$

式中，h_c 为成品厚度，mm；c 为带钢中心凸度标准；c_1 为带钢中心凸度保证系数；c_2 为平整系数。

6.3 板形控制系统优化

6.3.1 窜辊设定模型

窜辊设定计算的主要功能是根据来料情况和窜辊策略，对各机架工作辊的窜辊位置进行设定计算，以改善轧辊辊面的不均匀磨损，实现自由规程轧制。窜辊设定模型的计算结果默认为各机架上工作辊的轴向窜动量，且规定往操作侧窜动为“+”，往传动侧窜动为“-”，下工作辊的轴向窜动量与上工作辊相同，但方向相反。工作辊轴向窜动的零点为轧制中心线。工作辊窜辊可以由 WRS（Work Roll Shift）轧机控制，WRS 轧机结构简图如图 6-13 所示[49]。

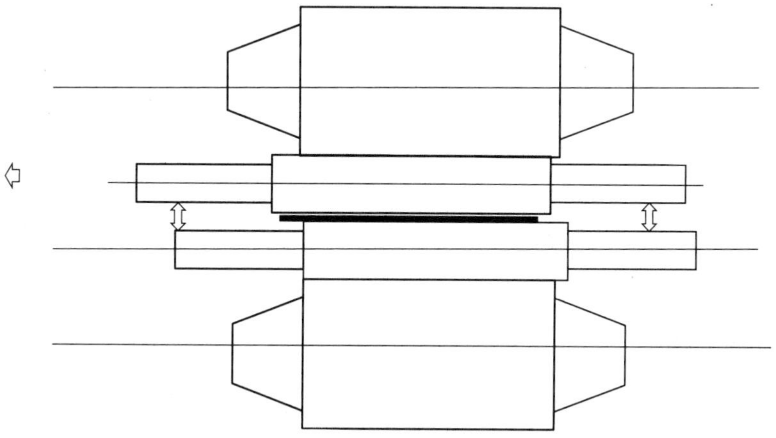

图 6-13 WRS 轧机结构简图

具体来说，窜辊设定有以下几种模式和策略：

（1）窜辊设定功能：

1）窜辊位置锁定：当轧制第 i 块钢时上工作辊的窜动量 SFTS(i) = 0 mm 时，表示窜辊位置锁定，无法调整。

2）半自动设定：通过操作界面输入目标位置，设定为 SFTS(i) = SFTIN(i)。

3）自动设定：通过设置窜辊模式、步长、行程和频率等参数，计算机自动计算并调整每个机架的工作辊轴向窜动量。

（2）主要的窜辊策略参数：

1）SFTMODE：窜辊模式，决定窜辊的起始位置和行程变化方式。

2）SFTSTEP：窜辊步长，每次调整的移动量。

3）SFTMAX：最大窜辊行程，即工作辊可调整的最大轴向移动距离。

4）SFTJUMP：窜辊频率，决定每经过多少块钢就进行一次窜辊调整。

（3）常规窜辊策略：

SFTMODE = 1：从零点（轧制中心线）开始窜辊。

SFTMODE = 2：从最大正向窜辊行程开始。

SFTMODE=3：从最大负向窜辊行程开始。

SFTMODE=4：从正向最大窜辊行程的一半开始。

SFTMODE=5：从零点开始，窜辊行程逐渐增大。

SFTMODE=6：从零点开始，窜辊行程逐渐减小。

（4）对于每种窜辊模式，又有以下情况：

1）当 $\mathrm{SFTJUMP}(i)=1$ 时：

$$\mathrm{SFTS}(i)=\mathrm{SFTS}(i-1)+\mathrm{SFTSTEP} \tag{6-45}$$

当 $|\mathrm{SFTS}(i)+\mathrm{SFTSTEP}|>\mathrm{SFTMAX}$ 时，$\mathrm{SFTSTEP}=-\mathrm{SFTSTEP}$。

2）当 $\mathrm{SFTJUMP}(i)=2$ 时：

$$\begin{aligned}\mathrm{SFTS}(i)&=\mathrm{SFTS}(i-1)+\mathrm{SFTSTEP}\\ \mathrm{SFTS}(i+1)&=\mathrm{SFTS}(i)\end{aligned} \tag{6-46}$$

当 $|\mathrm{SFTS}(i)+\mathrm{SFTSTEP}|>\mathrm{SFTMAX}$ 时，$\mathrm{SFTSTEP}=-\mathrm{SFTSTEP}$。

3）当 $\mathrm{SFTJUMP}(i)=3$ 时：

$$\begin{aligned}\mathrm{SFTS}(i)&=\mathrm{SFTS}(i-1)+\mathrm{SFTSTEP}\\ \mathrm{SFTS}(i+1)&=\mathrm{SFTS}(i)\\ \mathrm{SFTS}(i+2)&=\mathrm{SFTS}(i)\end{aligned} \tag{6-47}$$

当 $|\mathrm{SFTS}(i)+\mathrm{SFTSTEP}|>\mathrm{SFTMAX}$ 时，$\mathrm{SFTSTEP}=-\mathrm{SFTSTEP}$，依次类推。其中，$i$ 为第 i 块带钢。

6.3.2　弯辊力设定模型

弯辊可以分为工作辊弯曲和支撑辊弯曲两种方式，每种方式又有正弯曲和负弯曲之分，如图 6-14 所示。

弯辊设定计算的主要功能是在轧制压力和窜辊已设定、辊形已确定的前提下，对各机架的工作辊弯辊力进行设定计算，以改善带钢的板形质量。轧制力影响系数 k_{RF}、弯辊力影响系数 k_{BF}、工作辊中部辊形影响系数 k_{WC}、工作辊边部辊形影响系数 k_{WE}、支持辊中部辊形影响系数 k_{BC}、支持辊边部辊形影响系数 k_{BE}、常量系数 k_{CST} 计算公式如下：

$$\left.\begin{aligned}k_{\mathrm{RF}}&=f(C_{\mathrm{WC}},C_{\mathrm{WE}},C_{\mathrm{BC}},C_{\mathrm{BE}},DB,DW,SFT,BW)\\ k_{\mathrm{BF}}&=f(RFS,C_{\mathrm{WC}},C_{\mathrm{WE}},C_{\mathrm{BC}},C_{\mathrm{BE}},DB,DW,SFT,BW)\\ k_{\mathrm{WC}}&=f(RFS,C_{\mathrm{WE}},C_{\mathrm{BC}},C_{\mathrm{BE}},DB,DW,SFT,BW)\\ k_{\mathrm{WE}}&=f(RFS,C_{\mathrm{WC}},C_{\mathrm{BC}},C_{\mathrm{BE}},DB,DW,SFT,BW)\\ k_{\mathrm{BC}}&=f(RFS,C_{\mathrm{WC}},C_{\mathrm{WE}},C_{\mathrm{BE}},DB,DW,SFT,BW)\\ k_{\mathrm{BE}}&=f(RFS,C_{\mathrm{WC}},C_{\mathrm{WE}},C_{\mathrm{BC}},DB,DW,SFT,BW)\\ k_{\mathrm{CST}}&=f(RFS,C_{\mathrm{WC}},C_{\mathrm{WE}},C_{\mathrm{BC}},C_{\mathrm{BE}},DB,DW,SFT,BW)\end{aligned}\right\} \tag{6-48}$$

式中，RFS 为轧制力设定值，N；BW 为带钢宽度，mm；SFT 为工作辊窜辊量，mm；DB 为支持辊直径，mm；DW 为工作辊直径，mm；C_{WC} 为工作辊辊身中部的综合辊形半径值，μm；C_{WE} 为工作辊辊身边部的综合辊形半径值，μm；C_{BC} 为支持辊辊身中部的综合辊形半径值，μm；C_{BE} 为支持辊辊身边部的综合辊形半径值，μm。

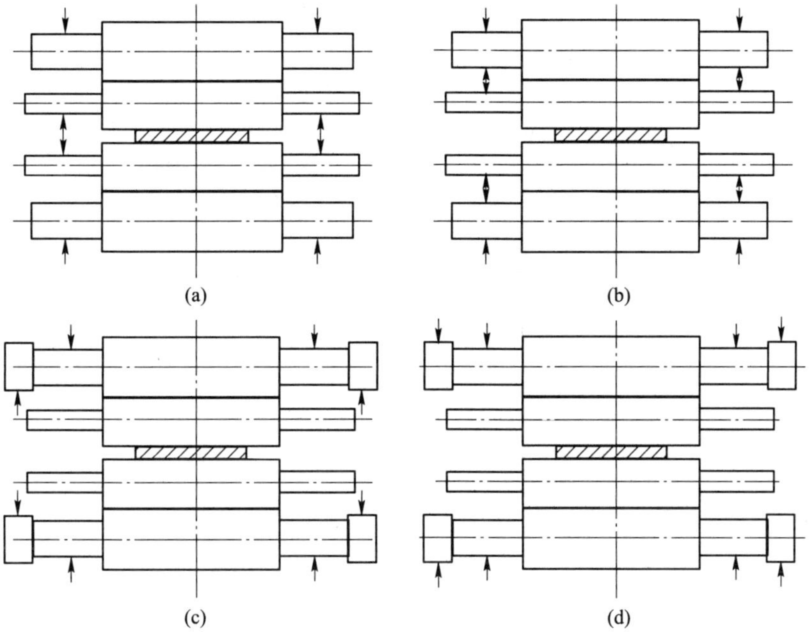

图 6-14　弯辊技术原理图

（a）工作辊正弯曲；（b）工作辊负弯曲；（c）支撑辊正弯曲；（d）支撑辊负弯曲

弯辊力设定计算模型如下：

$$BFN = \frac{1}{k_{\mathrm{BF}}}(C_{\mathrm{m}} - k_{\mathrm{RF}}RFS - k_{\mathrm{WC}}C_{\mathrm{WC}} - k_{\mathrm{WE}}C_{\mathrm{WE}} - k_{\mathrm{BC}}C_{\mathrm{BC}} - k_{\mathrm{BE}}C_{\mathrm{BE}} - k_{\mathrm{CST}}) \tag{6-49}$$

式中，BFN 为弯辊力设定计算值；C_{m} 为带钢机械凸度，μm；k_{RF} 为轧制力影响系数，μm/t；k_{BF} 为弯辊力影响系数，μm/t。

6.3.3　机架间板形模型

机架间板形计算的主要功能是在已知轧制压力、弯辊力和其他工艺参数的情况下，计算各机架入口和出口的凸度和平坦度。图 6-15 为邻近机架的入口和出口的凸度和平坦度示意图。

通过 Shohet 判别式可以判断在一定的轧制压力、弯辊力下，轧后的带钢是否会出现可见浪形。首先定义描述机架入口、出口带钢比例凸度之差 δ 和带钢允许的厚度差变化范围 Δ：

$$\begin{gathered} \delta = \frac{C_{\mathrm{H}}}{H} - \frac{C_{\mathrm{h}}}{h} \\ \Delta = \alpha\left(\frac{h}{BW}\right)^{\beta} \end{gathered} \tag{6-50}$$

式中，C_{H} 为机架入口带钢凸度，mm；C_{h} 为机架出口带钢凸度，mm；H、h 分别是机架入口带钢厚度和出口带钢厚度，mm；$\alpha = 40$、$\beta = 2$ 或 1.86 为经验系数；BW 为带钢宽度，mm。

若 $\delta > \Delta$ 出现中浪，即带钢中间部分的延伸率过大；$\delta < -2\Delta$ 出现边浪，即带钢边部延伸率过大；若 $-2\Delta \leqslant \delta < \Delta$ 则带钢板形正常。

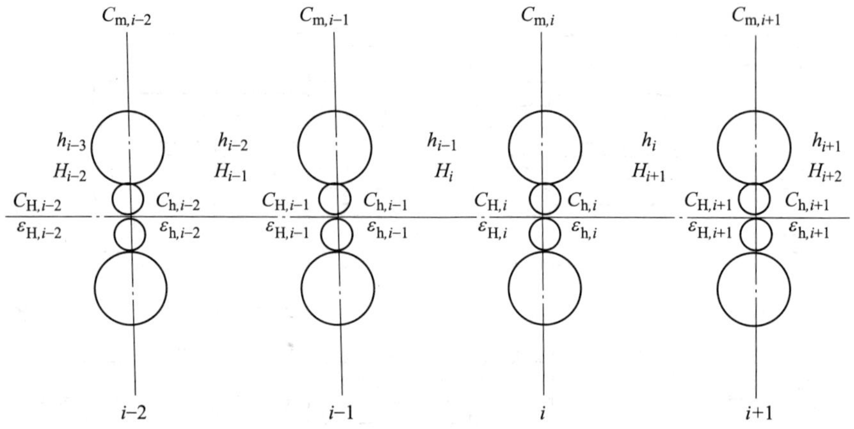

图 6-15　凸度和平坦度示意图

不出现中浪的 C_h 阈值即极小值（即当 $C_h > C_{hmin}$ 时，不出中浪）：

$$C_{hmin} = \frac{h}{H}(C_H - H \times \Delta) \tag{6-51}$$

式中，Δ 为带钢允许的厚度差变化范围，mm。

不出现中浪的 C_H 阈值即极大值（即当 $C_H < C_{Hmax}$ 时，不出中浪）：

$$C_{Hmax} = \frac{H}{h}(C_h + h \times \Delta) \tag{6-52}$$

不出现边浪的 C_H 阈值即极小值（即当 $C_H > C_{Hmin}$ 时，不出边浪）：

$$C_{Hmin} = \frac{H}{h}(C_h - 2h \times \Delta) \tag{6-53}$$

不出现边浪的 C_h 阈值即极大值（即当 $C_h < C_{hmax}$ 时，不出边浪）：

$$C_{hmax} = \frac{h}{H}(C_H + 2H \times \Delta) \tag{6-54}$$

6.3.4　工作辊综合辊形计算模型

根据工作辊辊形配置、轧制工艺参数，计算工作辊的初始辊形、磨损辊形和热辊形，并合并为工作辊的真实综合辊形。然后对真实的综合辊形进行等效处理，等效结果作为弯辊力设定计算的条件。

（1）工作辊初始辊形。根据选定的工作辊初始辊形类型，分别计算其相应的初始辊形值 $C_{WW}(x)$。

（2）工作辊磨损辊形。轧制完一块带钢后，工作辊的磨损辊形如图 6-16 所示。

工作辊磨损辊形的计算采用分割法，即将轧辊轴向均匀分割成 N 分，分别计算每格的磨损辊形。假设磨损符合特定的数学模型如 Archard 磨损模型，每段的磨损量叠加后得到完整的磨损辊形[50]。

1）轴向分割。将轧辊轴向均匀分为 N 个小区段，每段长度为

$$\Delta x = \frac{L}{N} \tag{6-55}$$

式中，L 为轧辊轴向总长度，mm。

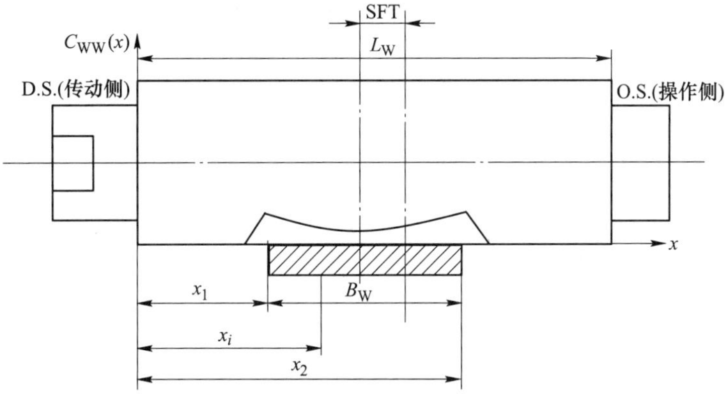

图 6-16 工作辊的磨损辊形

2）局部磨损计算。对每一小段 $i(i=1, 2, \cdots, N)$ 计算对应区段的平均磨损量：

$$W_i = k\sigma_i v_i \Delta t \tag{6-56}$$

式中，k 为磨损系数；σ_i 为第 i 段的接触压力，MPa；v_i 为第 i 段的相对滑动速度，m/s；Δt 为轧制时间步长，s。

3）叠加计算轧辊磨损辊形。将各段磨损量 W_i 累加，绘制轧辊的磨损曲线。

（3）工作辊热辊形。求解工作辊热辊形的过程可以分为两个步骤：即首先从热传导方程出发求解轧辊的温度场分布规律，然后根据温度场计算结果确定轧辊的热变形分布规律。

建立轧辊的温度场分布采用有限差分数值计算方法，其关键是确定轧辊的初始条件和边界条件。工作辊在轧制过程中的热交换行为是相当复杂的，但总体上仍是热量传入与传出的平衡过程，如图 6-17 所示。

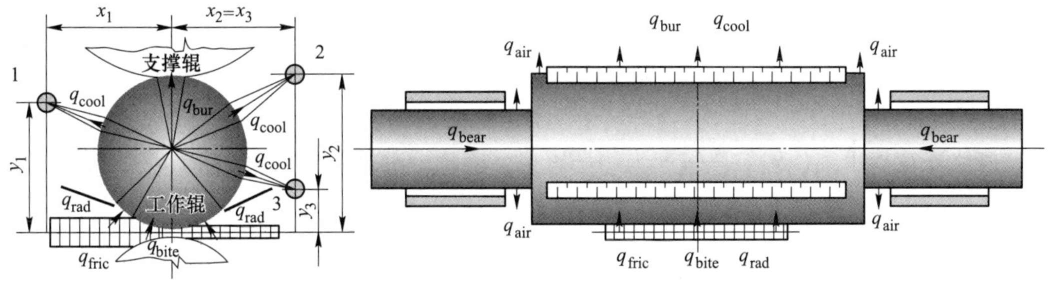

图 6-17 热交换行为

其热量传入主要包括：高温板坯与工作辊的接触热传导 q_{bite}，高温板坯对工作辊的热辐射 q_{rad}，板坯与轧辊间的摩擦热 q_{fric}，工作辊轴承发热向轧辊传导 q_{bear}。

其热量传出主要包括：冷却液与轧辊发生对流换热 q_{cool}，轧辊与空气的热交换 q_{air}，工作辊与支持辊的接触热传导 q_{bur}。

要精确定量地描述每一种热传导，几乎是不可能的。但所有热交换行为，最终结果都表现为使轧辊温度场发生改变。因而在工程处理中，可以人为地强化或弱化某些热行为，并同时保证计算具有最终的等效结果（如可以忽略轧辊的热辐射行为而加重热传导，忽略板坯与轧辊间的摩擦热，忽略工作辊与支撑辊的接触热传导等)，从而大大简化了模型的计算。

由于实际轧辊边界条件相当复杂，要想用解析方法求精确解往往是不可能的，随着计算机技术的飞速发展和数值分析方法的不断完善，温度场计算的重点是放在数值解析上，其中一个主要而基本的方法是有限差分法。在综合考虑计算速度和精度的情况下，根据向后差分导热微分方程和能量守恒建立显式差分模型。

首先对工作辊分片进行计算，每片为 Δl。辊身长为 L，分了 $L/\Delta l$ 片；辊颈长 L_N，分了 $L_N/\Delta l$ 片，如图 6-18 所示。

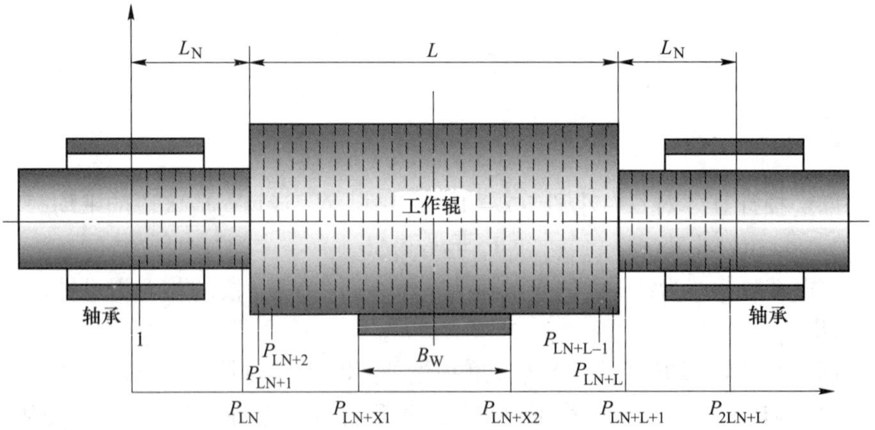

图 6-18 工作辊分片模型

计算各片温度时主要考虑了带钢、辊片之间的热交换；轧辊、空气之间的热交换；轧辊、冷却水之间的热交换以及轧辊各片之间的热交换。

轧辊热膨胀量则是根据弹性力学推导出的无限长圆柱体温度轴对称分布时内部各点的径向位置变化的基本方程计算。由上述计算得到各单元温度值，然后根据各单元温差计算得到第 i 个机架工作辊的热凸度：

$$C_{WT(k)} = D_W \times \beta_{WT} \times (T_C - T_K)/2 \tag{6-57}$$

式中，β_{WT} 为工作辊线膨胀系数，1/℃；D_W 为工作辊直径，mm；T_C 为辊身中点的温度，℃。

最终计算得出工作辊综合辊形为初始辊形、磨损辊形和热辊形之和，用公式表示为：

$$C_{WS}(x) = C_{WG}(x) + C_{WW}(x) + C_{WT}(x) \tag{6-58}$$

6.3.5 支撑辊综合辊形计算模型

根据支撑辊辊形配置、轧制工艺参数，计算支撑辊的初始辊形、磨损辊形和热辊形，并合并为支撑辊的真实综合辊形。然后对真实的综合辊形进行等效处理，等效结果作为弯辊力设定计算的条件。

(1) 支撑辊初始辊形。根据选定的支撑辊初始辊形类型，分别计算其相应的初始辊形值 $C_{WB}(x)$。

(2) 支撑辊磨损辊形。轧制完一块带钢后，支撑辊的磨损辊形如图 6-19 所示。

支撑辊磨损辊形的计算采用分割法，即将轧辊轴向均匀分割成 N 份，分别计算每格的磨损辊形。假设每一段的磨损 w_i 由分段内接触压力和速度的平均值确定，则支持辊的磨

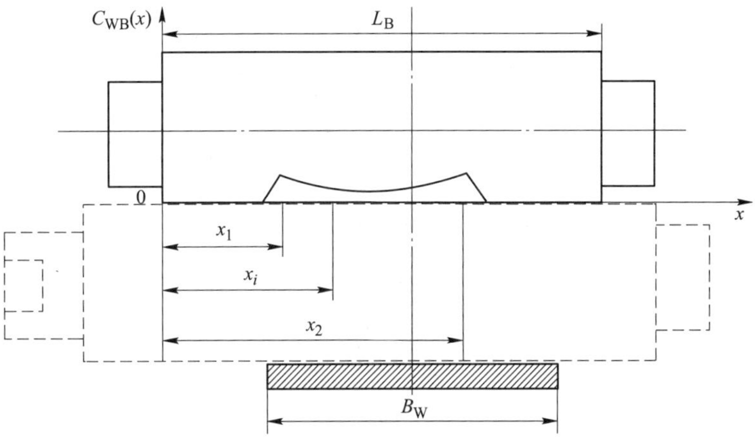

图 6-19 支撑辊的磨损辊形

损辊形可以用离散计算模型表示：

$$w_i = k \times \bar{p}_i \times \bar{v}_i \times \Delta t \tag{6-59}$$

式中，k 为磨损系数；$\bar{p}_i$ 为第 i 段的平均压力，MPa；$\bar{v}_i$ 为第 i 段的平均速度，m/s；Δt 为轧制时间步长，s。

随着多块带钢轧制的累积，磨损叠加公式为：

$$w_i^{(n)} = w_i^{(n-1)} + k \times \bar{p}_i \times \bar{v}_i \times \Delta t \tag{6-60}$$

式中，n 为轧制的块数。

（3）支撑辊热辊形

$$C_{BT}(x) = a_{BT} \times \beta_{BT} \times D_B \times \Delta T_B/2 \tag{6-61}$$

式中，$C_{BT}(x)$ 为支撑辊热辊形（半径值），μm；a_{BT} 为考虑支撑辊表层与芯部温度不一致而导致的热胀不同的影响系数；D_B 为支撑辊直径，mm；ΔT_B 为支撑辊辊身中点与边部的温差，℃；β_{BT} 为支撑辊线膨胀系数。

最终计算得出支撑辊综合辊形为初始辊形、磨损辊形和热辊形之和，用公式表示为：

$$C_{BS}(x) = C_{BG}(x) + C_{BW}(x) + C_{BT}(x) \tag{6-62}$$

6.3.6 弯辊力自学习模型

弯辊力自学习模型流程图如图 6-20 所示[50]。

弯辊力自学习直接对弯辊力进行自学习，如下式

$$\Delta BFN(i+1) = \Delta BFN(i) + k_F(\Delta BFR(i) - \Delta BFN(i)) + RFR(i) - RFN(i)/k_{FF} \tag{6-63}$$

式中，$\Delta BFN(i+1)$ 为第 $i+1$ 块带钢平坦度自学习的弯辊力修正量设定值，kN；$\Delta BFN(i)$ 为第 i 块带钢平坦度自学习的弯辊力修正量设定值，kN；$\Delta BFR(i)$ 为第 i 块带钢弯辊力实际值与设定值计算值之差，kN；k_F 为自学习增益系数；k_{FF} 为轧制力与弯辊力的转换系数；BFR 为弯辊力实测值，kN；BFN 为弯辊力设定计算值，kN；RFN 为轧制力设定计算值，kN；RFR 为轧制力实测值，kN。

实际生产过程中，精轧操作人员通过精轧操作室的 HMI 输入来干预和调节模型的设定结果，板形模型设定仿真界面如图 6-21 所示。

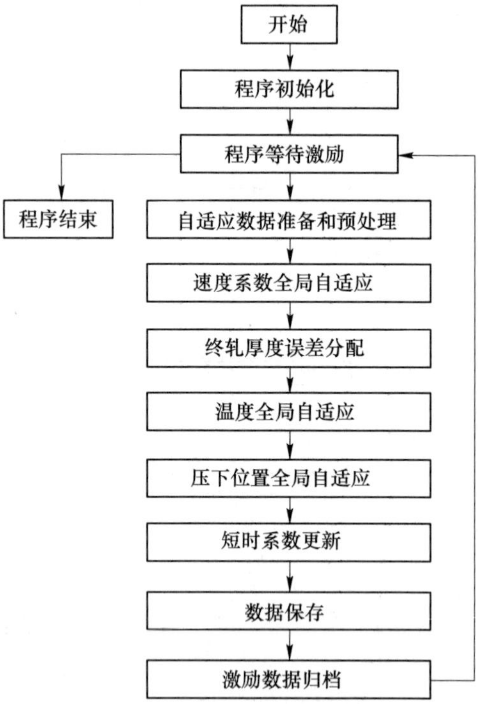

图 6-20 自学习模型流程图

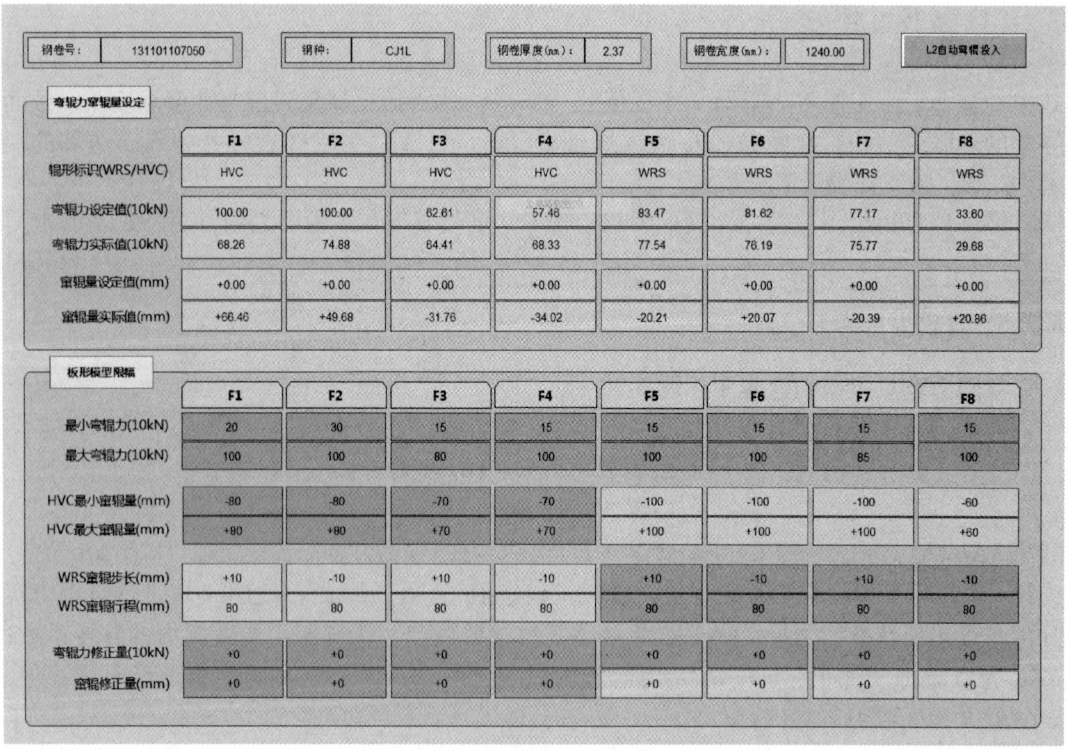

图 6-21 板形模型设定仿真界面

本章小结

本章深入探讨了精轧工序中的各类关键控制系统及其优化方法，以提高产品质量并提升生产效率。首先，通过分析精轧过程中冷却水控制、压下控制、活套控制、液压 AGC 控制和弯辊控制等基本控制功能，确保了板坯在精轧过程中能够保持稳定的厚度、良好的表面质量和合适的张力分布。每一功能模块的控制原理、实现方法和与其他模块的协同关系，是整个精轧过程平稳运行的基础。

在此基础上，本章进一步介绍了精轧控制系统的优化方法。包括精轧入口温度、厚度、速度、轧制力等模型的建立和应用。这些优化模型为精轧过程的参数设定提供了科学依据，以保证最终产品的精度。此外，通过弹跳模型、压下位置模型和活套设定模型的应用，提高了精轧机的动态响应能力和稳定性。出口测宽仪、测厚仪等测量系统的精确设定则确保了精轧成品的尺寸精度。

最后，针对板形控制的优化，本章讨论了窜辊、弯辊力等参数的设定方法，提出了综合辊形计算和弯辊力自学习模型，以提升板坯的板形质量。这些优化措施通过对板形的精确控制，有效减少了板形缺陷，保证了成品的平整度和一致性。

综上所述，本章通过对精轧工序中各类控制功能和优化模型的详细分析，形成了一套完整的精轧控制系统仿真方案，为提升板坯质量和生产稳定性提供了重要的技术支持和指导。

思 考 题

6-1 精轧工序中，机架间冷却水控制的主要功能是什么，其优化方法在生产中的应用效果如何？

6-2 在精轧工序中，如何通过液压 AGC 控制来优化轧制过程，与传统的机械式控制相比，有哪些优势和不足？

6-3 精轧过程中弯辊控制的作用是什么，如何根据不同的轧制条件调整弯辊控制策略？

6-4 结合精轧出口测宽仪和测厚仪的设定模型，如何提高测量的精度和实时性，对于后续生产有什么影响？

6-5 精轧工序的板形控制系统如何与轧机的物理模型和控制系统相结合，有哪些关键技术？

第 7 章　卷取工序仿真

【导读】

层流冷却工序是控制卷取温度的环节，合理的卷取温度使带钢顺利进入卷取机且对设备无损伤。层流冷却技术采用层流喷嘴，将冷却水均匀地喷洒在热轧板坯表面，形成一层连续的水膜。这种冷却方式能够确保板坯表面各部分的冷却速度和温度均匀，有效避免了因冷却不均造成的变形和内部应力集中。与传统的水幕冷却相比，层流冷却采用高效的喷嘴和控制系统，能够精确控制冷却水的流量和分布，减少了冷却水的消耗。此外，层流冷却的水循环系统可以实现水的重复利用，降低了能耗和成本，同时这种冷却方式具有较强的适应性，能够适应不同规格和类型的板材生产。

冷却后的带钢被送入卷取机，通过旋转的方式将带钢紧紧卷起，形成便于储存和运输的卷材。卷取过程中，要确保卷材的紧密度和均匀性，避免出现松卷或叠层等问题。带钢在卷取过程中仍保持较高的温度，这有利于减少冷却过程中的应力，提高产品的力学性能。同时，还采用高速卷取，使带钢在短时间内完成卷取，减少了热轧过程中的氧化和冷却，提高了产品质量。高速卷取还能降低能耗，提高生产效率。

本章主要包括层流冷却和卷取两个工序，介绍了各自设备及控制技术的发展现状，以及基本的控制功能（L1 级）和控制系统的优化（L2 级）。精准的层流冷却模型是带钢全长温度控制的关键，而卷取良好的卷形则是产品质量的重要衡量指标，它们是热连轧的最后两道工序，控制效果也是肉眼可见的，因此备受关注。

【学习建议】

本章是热连轧全流程智能控制与优化的最后章节，主要讲述层流冷却和卷取两道工序的控制及优化。经过前面章节的学习，学习者应具备了热连轧全流程的基本知识，也了解了各个工序的协作关系，在此基础上进行本章节的学习，掌握层流冷却温度控制的算法、策略以及卷取机各设备之间控制的关联性，能够带着问题深入探究，达到事半功倍的效果。

【学习目标】

1. 了解层流冷却及卷取机设备和控制系统的发展现状。

2. 掌握层流冷却控制系统的主要基本功能及数学模型。

3. 掌握卷取控制系统的主要基本功能及数学模型。

4. 带钢高速行进，控制系统精度“失之毫厘谬以千里”，培养学生精益求精的工匠精神。

7.1 层流冷却的发展

7.1.1 国内外控制冷却技术的发展

控制冷却技术一词早在20世纪60年代便已经出现[51]。20世纪60年代以前，为了缩短轧制后的冷却时间，尽快达到目标卷取温度，出现了高压喷射形式的冷却装置，广泛应用于热连轧生产线[52]。随着对冷却装置要求的不断提高，人们逐渐发现高压喷射的冷却装置存在如下的不足：冷却效率较低，水消耗量大，水的反溅现象严重，冷却不均匀，对水质的要求较高，这些不足促成了层流冷却装置的问世。

在20世纪60年代后半期，控制冷却开始应用在热带轧机（HSM）的输出辊道上，进行带钢质量的控制。第一套层流冷却系统应用于英国布林斯奥思432 mm窄带钢热轧机上[53]。层流冷却大大提高了冷却效率（比高压喷射式冷却提高30%~40%）。

进入20世纪80年代，有关热轧双相钢的控制轧制和控制冷却的基本理论研究，在日本开展地非常迅速[54]。新日铁、川崎制铁和神户制钢分别进行了控制冷却的热轧双相钢的研制，新日铁为此改造了热轧作业线上的冷却设备，在低于200 ℃的超低卷取温度下，稳定地生产出了双相钢。

20世纪80年代中期，TMCP技术知识的积累和体系大致完成，并得到全世界钢铁行业的广泛认同，此时材料技术、冷却设备、操作技术三位一体的时机已经成熟，尤其是快速发展的钢铁产业高技术装备水平，对此作出了很大的贡献。国外开发了诸多冷却装置，有意大利NuovaItalsider的水刀喷射冷却、比利时CRM的MUPIC水枕方式冷却、法国Usinor的喷淋方式冷却。在以后的发展过程中，用喷嘴喷射的高压水冷却方式逐步演变形为柱状管层流冷却。

到了20世纪90年代，为了解决冷却设备存在的问题及冷却能力的不足[55]，日本再次对冷却设备进行了改造。改造后，卷取温度的精度得到了提高，此时欧、美各国也相继在现有设备改造、新技术的引进、全面生产跟踪、管理系统自动化等诸多方面做了大量的工作，从而提高了精轧温度，改善了卷取温度，改善了带钢全长板形质量[56]。

我国对控制冷却设备采取先引进消化，后自主研究制造的思路。20世纪70年代末，武钢1700 mm热轧带钢机从日本全套引进层流冷却系统，上部采用柱状层流冷却，下部采用喷水冷却。武钢将控制冷却系统的某些改进移植到新一代计算机中，不仅得到本厂的实践验证，而且在太原、梅山钢铁集团公司得到推广。宝钢2050 mm（德国引进）和1580 mm（日本引进）生产线也均采用柱状层流冷却，设备运行稳定，终冷温度控制精度高。目前，国内许多热轧带钢厂积极进行改造，完善冷却设备，改进自动化控制系统，采用控制精度更高的数学模型和更先进的控制策略，同时也开始关注冷却速度这个重要的工艺参数，使得热轧带钢的冷却自动控制系统更加完善。

7.1.2 冷却方式

目前控制冷却依据冷却水的不同喷流方式主要有：压力喷射冷却、层流冷却、水幕冷却、水-气喷雾法加速冷却、直接淬火等。各种冷却方式都有其各自的优点和缺点。各种冷却方式的优缺点及适用范围见表 7-1。

表 7-1 各种冷却方式优缺点及适用范围

冷却方式	优点	缺点	适用范围
压力喷射冷却	水流连续，没有间断现象，呈紊流状态喷到带钢表面；可喷射到需要冷却的部位；板坯上下表面冷却差别显著	冷却效率不高；水消耗量大，水的飞溅严重，冷却不均匀；对水质的要求较高，喷嘴容易堵塞，水的利用率较低	一般冷却或因其穿透性好而适用于水汽膜较厚的环境
层流冷却	冷却效能较高；水流保持层流状态，可获得很强的冷却能力；上下表面、纵向冷却均匀	冷却区距离长；集管之间有一定的距离，达不到横向冷却均匀；对水质的要求较高，喷嘴容易堵塞；设备庞杂，维护量较大且难维护	要求强冷时，如热轧带钢出口处
水幕冷却	水流保持层流状态，冷却速度快；冷却区距离短，对水质的要求不高，易维护；冷却速度通常为 12~30 ℃/s，有时高达 80 ℃/s	带钢上下表面、整个冷却区冷却不均；可调节的冷却速度范围较小	带钢输出辊道上的冷却，也有用在连轧机机架间的冷却；正在研究应用在棒材的冷却上
水-气喷雾法加速冷却	可严格控制冷却速率和温降；可对带钢的较冷边部进行补偿，节省冷矫成本	需要供风供水系统，设备庞杂	适用于极厚板或低抗拉强度（低于 600 MPa），含有铁素体及珠光体/贝氏体显微组织
直接淬火	冷却速度快，冷却能力范围大；添加少量合金元素就可以达到同样的强度；降低碳当量，改善可焊性能；确保带钢低温韧性	适用钢种有限；冷却不均，带钢变形量大部分在 10 mm 以下，宽幅带钢也在 30 mm 以下	适用于高抗拉强度（高于 600 MPa），含有贝氏体加马氏体显微组织

7.1.3 经典的层流冷却数学模型

层流冷却中带钢的传热过程十分复杂。首先，整个冷却过程中温降大，带钢的对流换热系数及其热物性参数必然随温度产生显著的变化。其次，高温带钢的层流冷却，较其他冷却方式更为复杂。高密度管层流喷出的水流在一定压力下冲击到带钢表面，在冲击区带钢表面不形成水蒸气膜，因此，产生强烈冷却效果。沿带钢长度方向，在近冲击区一定范围内，冷却水呈层流区，在较远处呈紊流区，在层流区和紊流区之间形成过渡区。在垂直带钢方向，除了水流冲击区以外的其他区域，从带钢向上，同样出现层流区、过渡区和紊流区。因此，就整体层流冷却来看，经历了膜态沸腾、过渡沸腾和核沸腾冷却阶段，带钢传热过程是非稳态的。经典的带钢温度场计算方法有限差分法，用这种方法求解层流冷却下带钢的温度场同样适用。

7.1.3.1　划分网格

网格划分采用直角坐标系。以带钢厚度方向的空间坐标为 X 坐标轴，以时间坐标为 τ 坐标轴，因为传热过程关于板厚中心点对称，所以将坐标原点置于板厚中心位置，取四分之一截面进行计算即可，如图 7-1 所示。沿空间坐标 x 用步长 Δx 将板厚一半划分为 $N-1$ 网格，产生 N 个节点；沿时间坐标 τ 将步长 $\Delta\tau$ 划分成 $M-1$ 个时间段，产生 M 个节点。其中节点 i 在 n 时刻的温度用 T_i^n 表示，在 $n+\Delta\tau$ 时刻的温度用 T_i^{n+1} 表示，如图 7-2 所示。

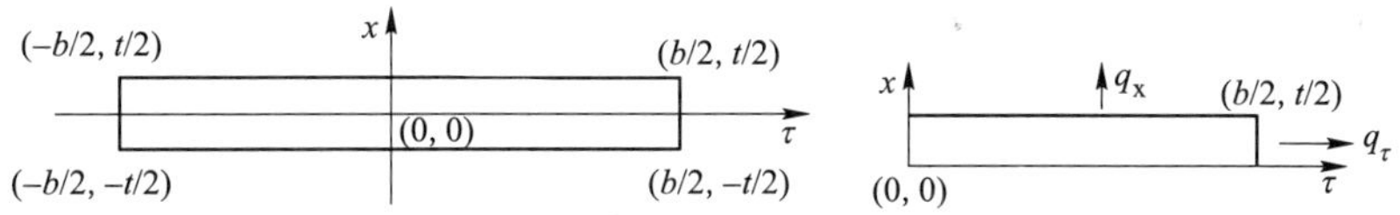

图 7-1　带钢温度计算截面划分示意图

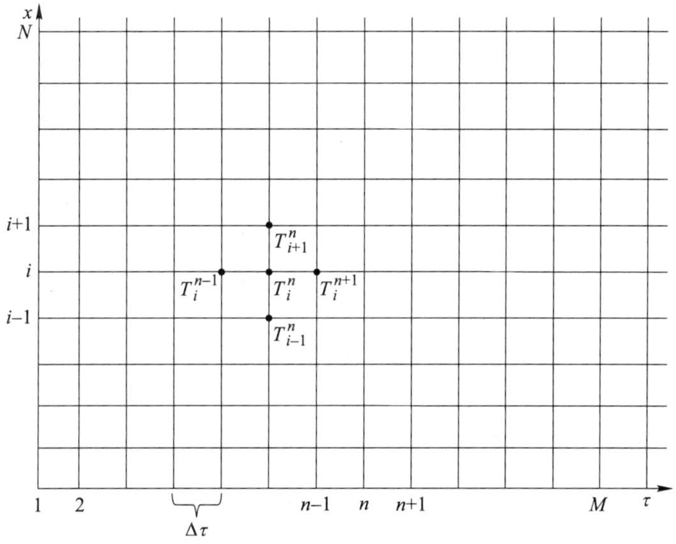

图 7-2　带钢厚度方向网格划分

7.1.3.2　差分格式的建立

根据导热微分方程，在板坯厚度方向上取一微元体（见图 7-3），其厚度为 dx(m)，考虑 dτ(s) 时间内导入与导出微元体的热量。根据傅里叶定律，从左面导热微元体的热量为：

$$Q_x = -\lambda \frac{\partial T}{\partial x} \mathrm{d}\tau \tag{7-1}$$

式中，λ 为导热系数，W/(m·℃)；T 为板坯温度，℃。

从右面导入微元体的热量为 $Q_{x+\mathrm{d}x}$。Q_x 是 x 的函数，并在 x 至 $x+\mathrm{d}x$ 区间内连续可微，将它展开成泰勒级数，则 $Q_{x+\mathrm{d}x}$ 可以用 Q_x 表示，即：

$$Q_{x+\mathrm{d}x} = Q_x + \frac{\partial Q_x}{\partial x} + \frac{\partial^2 Q_x}{\partial x^2}\frac{(\mathrm{d}x)^2}{2!} + \frac{\partial^3 Q_x}{\partial x^3}\frac{(\mathrm{d}x)^3}{3!} + \cdots \tag{7-2}$$

忽略高次项，只近似地取前两项，得：

$$
\begin{aligned}
Q_{x+\mathrm{d}x} &= Q_x + \frac{\partial Q_x}{\partial x} \\
&= -\lambda\frac{\partial T}{\partial x}\mathrm{d}\tau + \frac{\partial}{\partial x}\left(-\lambda\frac{\partial T}{\partial x}\mathrm{d}\tau\right)\mathrm{d}x \\
&= -\lambda\frac{\partial T}{\partial x}\mathrm{d}\tau - \lambda\frac{\partial^2 T}{\partial x^2}\mathrm{d}\tau\mathrm{d}x
\end{aligned}
\tag{7-3}
$$

$\mathrm{d}\tau$ 时间内导入与导出该微元体的热量差为：

$$
\mathrm{d}Q = Q_x - Q_{x+\mathrm{d}x} = \lambda\frac{\partial^2 T}{\partial x^2}\mathrm{d}\tau\mathrm{d}x \tag{7-4}
$$

$\mathrm{d}\tau$ 时间内该微元体的内能变化量为：　$\rho c\dfrac{\partial T}{\partial \tau}\mathrm{d}x\mathrm{d}\tau$

式中，ρ 为板坯密度，$\mathrm{kg/m^3}$；c 为板坯的比热容，J/(kg · ℃)。

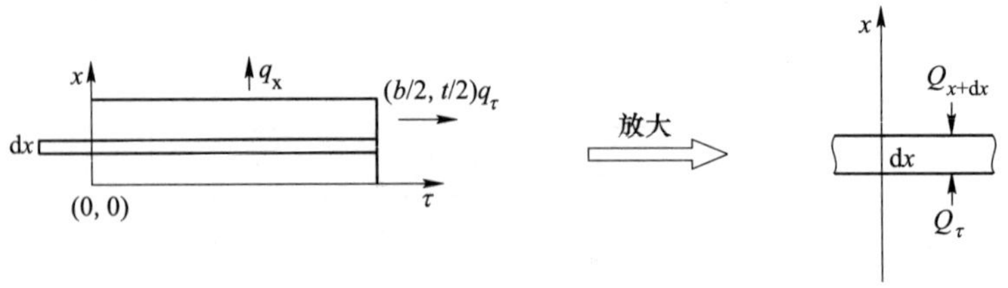

图 7-3　板坯厚度方向微元体示意图

根据能量守恒定律：该微元体内热源所产生的热量为 $q_\mathrm{v}\mathrm{d}x\mathrm{d}\tau$，式中 q_v 为单位体积内产生的热量，$\mathrm{W/m^3}$。

导入导出微元体的热量差+微元体内热源产生的热量=微元体内能的变化量，即：

$$
\lambda\frac{\partial^2 T}{\partial x^2}\mathrm{d}\tau\mathrm{d}x + q_\mathrm{v}\mathrm{d}x\mathrm{d}\tau = \rho c\frac{\partial T}{\partial x}\mathrm{d}x\mathrm{d}\tau \tag{7-5}
$$

变换可得：

$$
\frac{\partial T}{\partial \tau} = \frac{\lambda}{\rho c}\frac{\partial^2 T}{\partial x^2} + \frac{q_\mathrm{v}}{\rho c} \tag{7-6}
$$

对于无内热源的导热，$q_\mathrm{v} = 0$，则：

$$
\frac{\partial T}{\partial \tau} = \frac{\lambda}{\rho c}\frac{\partial^2 T}{\partial x^2} = a\frac{\partial^2 T}{\partial x^2} \tag{7-7}
$$

式中，$a = \dfrac{\lambda}{\rho c}$。

在得到了一维导热微分方程的基础上，就可以用有限差分的方法来求解板坯的温度场了。差分的实质就是使一个连续体离散化，用一系列的差分方程来代替微分方程，通过对一系列差分方程的四则运算来获得温度场的近似数值解。由于板坯的冷却过程可以看作一个一维非稳态导热问题，温度不仅随空间坐标变化，而且随时间变化，因此，离散化处理必须同时在空间和时间范围内各自等分成许多细小的间隔。该节点温度对 x 的二阶偏导数的（显式）差分格式为：

$$\frac{\partial^2 T}{\partial x^2} \approx \frac{T_i^{n+1} - 2T_i^n + T_i^{n-1}}{(\Delta x)^2} \tag{7-8}$$

温度对时间的偏导数则可以用对时间的向前差分来表示，即：

$$\frac{\partial T}{\partial \tau} \approx \frac{T_i^{n+1} - T_i^n}{\Delta \tau} \tag{7-9}$$

这样，无内热源的一维非稳态导热方程的差分形式便成为：

$$\frac{T_i^{n+1} - T_i^n}{\Delta \tau} = a\frac{T_i^{n+1} - 2T_i^n + T_i^{n-1}}{(\Delta x)^2} \tag{7-10}$$

由此式可以解出 T_i^{n+1}，得：

$$T_i^{n+1} = f(T_{i+1}^n + T_{i-1}^n) + (1 - 2f)T_i^n \tag{7-11}$$

这就是时间采用向前差分格式的一维非稳态导热问题的有限差分计算公式，式中 $f = \frac{a\Delta \tau}{(\Delta x)^2}$ 已知任一时刻的温度分布，则可利用上式求出物体内部各点（不包括边界）经历时间间隔 $\Delta \tau$ 后的温度。

7.1.3.3 温度场初始条件和边界条件

为了使上述控制方程的解唯一被确定下来，还必须给出相应于具体传热问题的初始条件和边界条件。

（1）初始条件。

空冷时的初始条件为：

$$T = T_0,\ t = 0 \tag{7-12}$$

水冷模型的初始条件为：

$$T = f(x, \tau^*),\ t = t^* \tag{7-13}$$

式中，t^* 为在水冷区轧件停留的时间，取决于轧件在水冷区的运行速度。

（2）边界条件。处理差分方程的边界条件是数值解的重要部分，因为边界节点的计算公式必须考虑它所处的边界条件。

绝热边界（对称边界），属于第二类边界条件常见的一种，此时有 $Q = 0$，即：

$$\frac{\partial T}{\partial x} = 0,\ x = 0 \tag{7-14}$$

对于板坯来说，由于对称冷却，采用厚度方向的一半来进行计算，中心界面的边界条件为绝热边界条件。采用对 x 的向后差分格式可以写出：

$$\frac{T_0^n - T_{-1}^n}{\Delta x} = 0 \tag{7-15}$$

式中，T_{-1} 为位于板坯中心界面的另一侧与 T_1 相对应的温度。由于对称的关系，对于 $x = \Delta x$ 的截面，由 x 的后向差分格式可得：

$$\frac{T_1^n - T_0^n}{\Delta x} = 0 \tag{7-16}$$

显然可得：　$T_{-1}^n = T_1^n$

将节点 −1 的值代入有限差分计算公式得：

$$T_0^{n+1}=f(T_1^n+T_{-1}^n)+(1-2f)T_0^n \tag{7-17}$$

将式 $T_{-1}^n=T_1^n$ 代入上式得：

$$T_0^{n+1}=2fT_1^n+(1-2f)T_0^n \tag{7-18}$$

对于对流换热的边界，属于典型的第三类边界条件，使用

$$-\lambda\left(\frac{\partial T}{\partial n}\right)_{\mathrm{P}}=\alpha(T_{\mathrm{P}}-T_{\mathrm{E}}) \tag{7-19}$$

式中，T_{P} 为板坯表面温度，℃；T_{E} 为冷却水温度，℃；α 为辐射换热系数，W/(m^2 · ℃)。

对于辐射换热的边界，也属于第三类边界条件，但是属于非线性的，可表示为：

$$-\lambda\left(\frac{\partial T}{\partial n}\right)_{\mathrm{P}}=\sigma F(T_{\mathrm{P}}^4-T_{\mathrm{a}}^4) \tag{7-20}$$

式中，T_{P} 为板坯周围环境的温度，℃；T_{a} 为板坯表面温度，℃；σ 为玻耳兹曼常数，即黑体辐射常数，其值为 5.67×10^{-8} W/(m^2 · K^4)。

7.2 层流冷却控制方法

7.2.1 预设定控制

在层流冷却控制系统中，由于带钢头部上任意一点从精轧机运行到卷取机前温度计时，该点及其后相当长的一段带钢的受控冷却过程实际已经结束，而在冷却过程中又不可能对该点温度进行实测和适时调节冷却水量，也就是被控对象的中间状态是不可观测的，但同时又要求带钢各点到达卷取温度计时，卷取温度精度在所要求的控制范围内。因此，在带钢进入冷却区之前，预计算部分就开始了冷却设定值的计算，最大限度地消除整个控冷系统动作滞后的影响[57]。

预设定模型也称为预测模型，主要是前馈控制和反馈控制计算的基础，它的计算精度直接影响到最终的控制效果。

当带钢到达某一精轧机时，预设定开始运行，计算目标卷取温度和目标中部温度需要的层流流量。预设定流量计算是建立在以下数据基础上的：预测的带钢在精轧机出口处的厚度、带钢传输速度、预测的带钢在精轧机出口处的温度、卷取温度、层流对流传热特性、目标冷却速率、带钢热传导特性、中部温度计部位的带钢预测及目标温度。然后根据层流冷却模式及喷水阀的流量特性计算需要打开的喷水阀，最后将数据传输给喷水阀控制器。

从机理上来说，层流冷却模型是一个关于运动物体和周围介质热交换的方程，它是在运动带钢和介质进行热交换的方程上推导出来的，描述的是带钢在冷却区内温度下降的过程。

基础模型的推导如下，取带钢运动的方向为 x 轴正方向，带钢的运动速度为 $v(t)$，其示意图如图 7-4 所示。

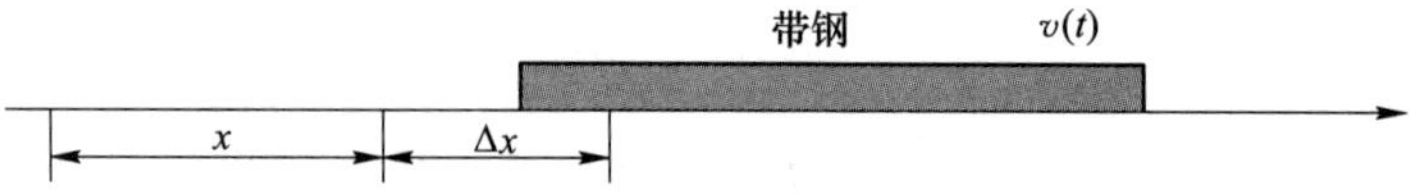

图 7-4 带钢运动模型

初始时带钢截面位于 x 处，当其运动到 $x+\Delta x$ 处时，带钢向周围放出的热量为 ΔQ

$$\Delta Q = c\rho S\Delta x\Delta u \tag{7-21}$$

式中，c 为带钢的比热容，J/(kg·℃)；ρ 为带钢的密度，kg/m^3；S 为带钢的截面积，m^2；Δu 为带钢的温度差，℃。

定义：

$$\Delta u = u(x+\Delta x, t+\Delta t) - u(x,t) \tag{7-22}$$

则：

$$\Delta Q = c\rho S\Delta x\{[u(x+\Delta x, t+\Delta t) - u(x, t+\Delta t)] + [u(x, t+\Delta t) - u(x,t)]\} \tag{7-23}$$

当 $\Delta x \to 0$，$\Delta t \to 0$ 时，对上式左右两端取极限得：

$$\mathrm{d}Q = c\rho S\left(\frac{\partial u}{\partial x}\mathrm{d}^2 x + \frac{\partial u}{\partial t}\mathrm{d}x\mathrm{d}t\right) \tag{7-24}$$

带钢释放的热量等于与周围介质间热交换的热量，根据牛顿冷却定律，可以得到：

$$\mathrm{d}Q = -\alpha A[u(x,t) - u'(x,t)]\mathrm{d}x\mathrm{d}t \tag{7-25}$$

式中，α 为带钢与介质间的换热系数，J/(m^2·s·℃)；u' 为介质温度，℃；A 为单位长度的带钢表面积，m^2。

在热交换的基础上，可以得到系统的温度预测模型为：

$$u(t) = u' + [u(t_0) - u']\mathrm{e}^{p(t-t_0)} \tag{7-26}$$

其基本形式可以表示为：

$$T = T_0 + (T_i - T_0)\mathrm{e}^{-pt} \tag{7-27}$$

式中，T 为层流冷却区带钢的出口温度，℃；T_0 为冷却区的环境温度，℃；T_i 为精轧出口带钢的温度，℃；t 为带钢经过冷却区的冷却时间，s。

上式中：

$$p = \frac{\alpha A}{c\rho S} \tag{7-28}$$

依据导热系数与导温系数之间的关系，可以得到：

$$q = \frac{\lambda}{c\rho} \tag{7-29}$$

$$p = \frac{q(h/\lambda + \alpha_1 + \alpha_2)}{h\lambda(0.5h/\lambda + \alpha_1)(0.5h/\lambda + \alpha_2)} \tag{7-30}$$

式中，p 为温度指数；h 为带钢厚度，m；q 为带钢的导温系数，m^2/s；λ 为带钢的导热系数，W/(m·℃)；α_1 为上喷水与带钢的换热系数，J/(m^2·s·℃)；α_2 为下喷水与带钢的换热系数，J/(m^2·s·℃)。

整个预设定部分主要是由三个部分组成的，即卷取温度的初始设定、带钢速度模式的计算、卷取温度动态设定。针对不同品种的带钢采用不同的冷却方式，带钢都需要经过预设定来计算喷水阀门的开闭模式。根据输入的带钢参数，经卷取温度初始设定计算得到各冷却段喷水阀门的初始开闭模式。在卷取机咬钢后，带钢的运行速度将会发生变化，当变化超过一定的范围时，就需要对各带钢段进行速度模式的重新计算。卷取温度动态设定部分根据带钢速度模式图对各冷却区域的喷水阀门开闭状态进行动态调整，从而保证系统能按照卷取温度初始设定结果对带钢进行冷却。

7.2.2 前馈控制

由于影响带钢终轧温度控制的因素较多，特别是带钢尾部终轧温度的控制更为复杂，所以带钢尾部的终轧温度经常会出现较大波动。终轧温度前馈控制是为了消除带钢尾部终轧温度的波动对卷取温度控制的影响而进行的，该功能由基础自动化完成，根据终轧温度偏差计算所需开关集管的个数，以达到消除终轧温度波动对卷取温度控制的影响的目的。

层流冷却的前馈控制根据带钢精轧机出口处温度计测得温度计算层流流量，对层流前段预设定值进行修改，中部温度计用于对后段层流的前馈控制。当带钢经过精轧出口的测温计时，系统启动前馈计算程序，计算过程是一个不断进行的周期计算，它根据精轧出口实际测量的带钢的温度、速度和厚度，然后利用与预设定计算相同的模型计算出相应的集管开关数量，对预设定计算得到的阀门开启数量进行微调，这种微调按照样本长度周期进行。

7.2.2.1 控制策略

当带钢尾部减速及精轧机抛钢时要发生速度变化，因此，要预测带钢尾部速度并对尾部速度变化时喷水组态的补偿量进行计算。前馈控制以样本长度跟踪为控制周期，经过每一个样本长度输出一次前馈控制附加喷水组态，跟踪的样本长度由 L2 级给出。带钢的运行速度由卷取机卷筒或夹送辊的线速度给出，在每一个样本长度内，对速度采样 n 次，平均后作为带钢的当前运行速度。在精轧机抛钢时，L2 级给出此时的控制冷却喷水组态并保持不变，PLC 将根据实测的带钢线速度，对带钢尾部进行前馈补偿控制。前馈补偿控制的输出结果是：在过程机输出喷水组态的基础上，对集管进行开关控制。前馈控制系统的结构原理如图 7-5 所示。

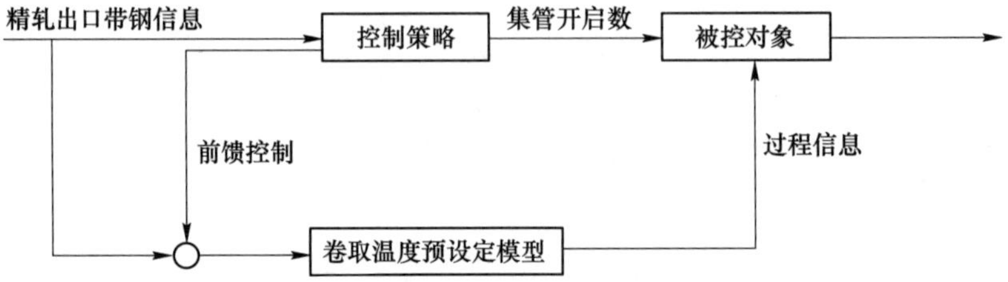

图 7-5 前馈控制系统结构原理图

7.2.2.2 前馈控制模型

末机架抛钢后，带钢运行速度由卷取机卷筒或夹送辊的线速度 v_{MD} 给出，此时 L2 级的前馈控制输出的喷水组态保持不变，由于抛钢后带钢的速度为 v_{MD}，由带钢速度变化所产生的层流冷却终冷温度预测偏差与各粗调、精调上、下集管数的关系如下：

设精轧机抛钢瞬间带钢的线速度为 v_{OL}，L2 级输出的喷水组态集管的总长度为 L_{OL}，产生的温度降为 ΔT_{OL}，有下式：

$$\Delta T_{OL} = \frac{1000 L_{OL}}{3600 v_{OL} c_P \gamma H_F} Q_{XF} \tag{7-31}$$

设精轧机抛钢后带钢的线速度变为 v_{MD}，此时输出的喷水组态集管的总长度为 L_{OL} +

ΔL_{MD}，产生的温度降为 ΔT_{MD}，有下式：

$$\Delta T_{MD} = \frac{1000(L_{OL} + \Delta L_{MD})}{3600 v_{MD} c_P \gamma H_F} Q_{XF} \tag{7-32}$$

式中，γ 为带钢密度，kg/m^3；c_P 为带钢的比热容，kJ/(kg · ℃)；v_{MD} 为精轧机抛钢后带钢的实测线速度，m/s；v_{OL} 为末机架抛钢瞬间带钢的锁定速度，m/s；Q_{XF} 为集管热流密度，kJ/(m^2 · h)；L_{OL} 为精轧机抛钢时喷水集管总长度，m；ΔL_{MD} 为精轧机抛钢后应输出喷水长度的附加量长度，m；ΔT_{OL} 为精轧机抛钢时刻冷却集管喷水组态产生的温度降，℃；ΔT_{MD} 为精轧机抛钢后冷却集管喷水组态产生的温度降，℃。

令上述两式相等可以得到：

$$\Delta L_{MD} = \left(\frac{v_{MD}}{v_{OL}} - 1\right) L_{OL} \tag{7-33}$$

式中，L_{OL} 与轧机抛钢时刻输出喷水集管数是对应的，可采用如下补偿算法作为实用的前馈补偿控制。

$$\Delta N_{UMD} = 2\alpha\left(\frac{v_{MD}}{v_{OL}} - 1\right) N_{UOL} \tag{7-34}$$

$$\Delta N_{DMD} = 2\alpha\left(\frac{v_{MD}}{v_{OL}} - 1\right) N_{DOL} \tag{7-35}$$

式中，N_{UOL} 为精轧机抛钢时过程机输出冷却粗调上集管数；N_{DOL} 为精轧机抛钢时过程机输出冷却粗调下集管数；ΔN_{UMD} 为消除抛钢后带钢速度变化所需增加精调上集管数；ΔN_{DMD} 为消除抛钢后带钢速度变化所需增加精调下集管数；α 为前馈控制调节系数，通常 $0.6 \leqslant \alpha \leqslant 1$。

7.2.2.3 计算过程

前馈控制的计算主要包括喷水区长度改变量的确定与自校正调节两部分，它是在温度预设定模型的基础上进行的。

冷却的策略有普冷区主冷与精冷区主冷两种。

普冷区主冷的控制策略是，当实测的精轧出口温度高于预测的精轧出口温度时，在冷却区现有的开启的喷水阀门组态中沿轧制方向逐个增加喷水阀门开启数目，直到带钢的温降达到工艺要求为止。当实测的精轧出口温度低于预测的精轧出口温度时，在现有的开启喷水阀门组态中沿与轧制方向相反的方向后逐个减少喷水阀门开启数目，直到满足带钢的温降要求。

精冷区主冷的控制策略是，当实测的精轧出口温度高于预测的精轧出口温度时，在主冷区现有的开启阀门组态中沿与轧制方向相反的方向逐个增加喷水阀门开启数目，直到满足带钢的温降要求；当实测的精轧出口温度低于预测的精轧出口温度时，在主冷区现有的开启阀门组态中沿轧制方向向后逐个减少喷水阀门开启数目，直到满足带钢的温降要求。在前馈控制中设置温控死区，当实测的精轧出口温度与预测的精轧出口温度之差在可控范围之内时，保持原有的喷水阀门开启数目及顺序组态不作变动的。精冷区的前馈控制只在反馈作用后才起作用，所以前馈控制的作用比较弱，只根据主冷结束时新测得信息，对这部分输入产生的偏差进行补偿。

当带钢到达精轧出口测量点时，根据带钢在终轧出口的实测速度、温度和厚度，计算出要使带钢达到卷取温度目标值所需开启的集管增加数，这就是前馈控制的补偿控制，即前馈补偿控制。

7.2.3 反馈控制

在热轧过程中许多条件是在不断地变化着，最终都影响到冷却的初始条件。为了消除模型预报的误差和其他因素的影响，根据带钢卷取温度的实测值与目标值的偏差，动态调节精调区集管的开闭状态消除温度偏差，使得实测的卷取温度快速稳定地达到目标卷取温度所允许公差，保证同板温差处于目标控制范围内。由于反馈控制是“事后控制”，具有时滞性。在冷却控制过程中以模型设定为主，反馈为辅[58]。当带钢的头部特殊处理长度和头部长度通过层流冷却出口高温计后，反馈控制开始启动。经过对带钢样本的微跟踪，L2 级根据实测卷取温度与目标卷取温度之间的差值，计算出所需开关集管数，并进行组态编辑后下发给基础自动化执行。反馈控制流程图如图 7-6 所示。

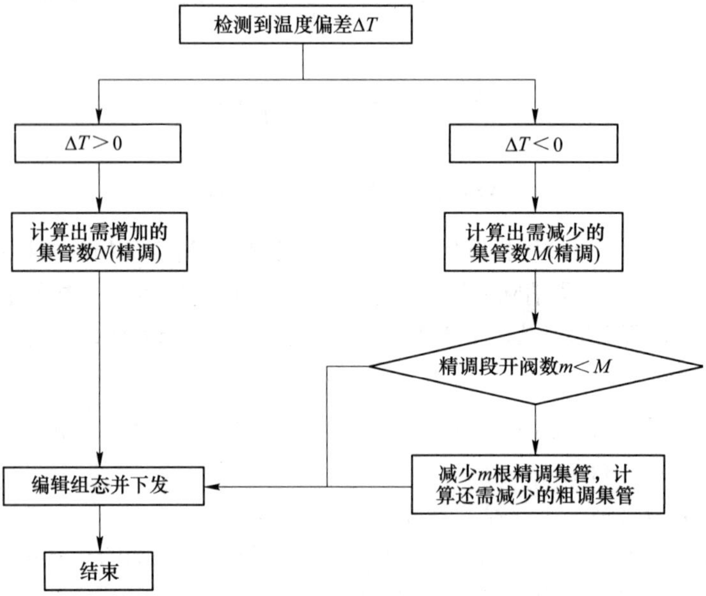

图 7-6 反馈控制流程图

反馈控制体现在精冷区主要作用就是根据实测带钢卷取温度与带钢目标卷取温度的误差来反馈调节精冷区的冷却段数，也就是调节阀门的开闭情况，从而控制冷却水的流量，达到对带钢卷取温度进行微调的目的。

控制信息初始化：实施反馈控制需要初始化控制信息。

必要冷却量的计算：必要冷却量是指带钢冷却过分或欠缺的集管排放水量，它表示带钢实际温度与目标卷取温度之间的温度偏差，当必要冷却量大于 0 时，说明目前带钢实际温度高于带钢目标卷取温度，即带钢冷却量不足。因此需增加向带钢喷水的集管数目：当必要冷却量小于 0 时，需减少向带钢喷水的集管数目。每个精调集管所产生的温度降模型为：

$$\Delta T_{\mathrm{D}} = \frac{1000 l_{\mathrm{u}}}{3600 v c_{\mathrm{P}} \gamma H_{\mathrm{F}}} Q_{\mathrm{XF}} \tag{7-36}$$

层流冷却实测终冷温度偏差 ΔT_{f} 与集管增减数 N 的关系为：

$$N = INT(\Delta T_f / \Delta T_D + 0.5) \tag{7-37}$$

式中，γ 为密度，kg/m^3；c_P 为比热容，kJ/(kg · ℃)；H_F 为带钢厚度，mm；v 为夹送辊线速度，m/s；Q_{XF} 为每个精调集管的热流密度，$kJ/(m^2 \cdot h)$；l_u 为每个精调集管的长度，m；ΔT_f 为层流冷却实测终冷温度偏差，℃；ΔT_D 为单个精调集管产生的温降，℃；N 为消除 ΔT 所需集管数。

以上模型相当于只采用 P 参数调节时的模型，实际采用 PID 控制器模型时，应做出如下修改：

（1）当使用 PID 控制策略时，将 PID 的放大倍数预设为 1，从而得到 PID 控制算法输出设为 ΔT_u；

（2）将最终集管增减量 N 的计算公式修改如下：

$$N = \mathrm{INT}\left(\alpha \frac{v_L}{v_{max}} \Delta T_f / \Delta T_u + 0.5\right) \tag{7-38}$$

式中，α 为层流冷却反馈控制调节因子，取值范围 $0 < \alpha < 0.6$；v_L 为实测带钢的线速度，m/s；v_{max} 为带钢的最高速度，m/s。

由于控制冷却系统是一个比较典型的大滞后系统，在 PID 控制的基础上，用 Smith 预估控制器来对滞后系统进行补偿，采用递推算法，根据已出层冷区的样本卷取温度数据预估当前样本的卷取温度，从自动控制原理上解决大滞后系统控制难的问题，提高卷取温度的控制精度。层流冷却控制仿真主监控界面如图 7-7 所示。

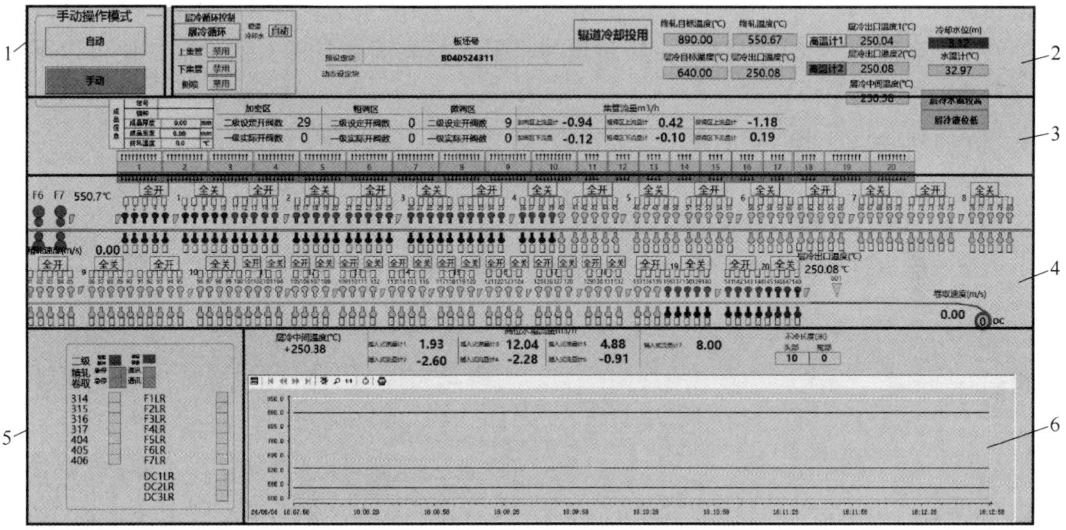

图 7-7　层流冷却控制仿真主监控界面

1—操作模式；2—PDI 信息；3—各段开阀数及集管流量；4—实际设备监控；5—通信；6—温度曲线

7.3　层流冷却控制系统优化

7.3.1　层流冷却的导热模型

在带钢的冷却过程中，主要涉及与空气和冷却水之间的对流换热。由于水冷的对流换热能力远大于空气冷却，因此在带钢的冷却过程中[59]，水冷对流起着主导作用。

7.3.1.1　空冷对流换热

带钢与周围空气之间的对流换热与空气的运动状态密切相关。空气的流动会不断带来气流分子与带钢表面的接触。如果气流是由外部压力差引起的强制流动，则带钢与空气之间的对流为强制对流；如果气流是由自然浮力引起的，则为自然对流。在辊道上运动的带钢与空气之间的对流通常认为是自然对流。一般，对流引起的温度变化与对流传热系数密切相关，这一系数是对流换热计算中的关键参数，它不仅受到带钢温度和周围环境温度的影响，还与带钢的密度、比热容、空气的特性以及空气的动态黏度有关。然而，由于现有的对流传热系数计算模型未能完全考虑所有这些影响因素，因此计算结果与实际情况之间仍存在一定的偏差。

一般情况下可以将对流换热引起的温降量用下式表示：

$$\Delta T_{cv} = k_{cv}(\Delta T_r) \tag{7-39}$$

式中，ΔT_{cv} 为对流换热引起的温降，℃；k_{cv} 为对流导致的温降值与辐射导致的温降值之比，其值范围一般在 0.01~0.22 之间；ΔT_r 为辐射导致的温降，℃。

空气掠过带钢表面产生对流引起的热流密度 q_n 可用下式表示：

$$q_n = h_n(T_s - T_a) \tag{7-40}$$

式中，h_n 为对流换热系数，J/(m^2 · s · ℃)；T_s 为带钢绝对温度，℃；T_a 为环境绝对温度，℃。

将带钢表面与空气间的对流换热简化为水平平板表面的自然对流换热，便可以得到式（7-41）与式（7-42）。

当空气流掠过带钢表面的流态为层流态时，即 $10^4 < Gr \cdot Pr < 10^9$ 则

$$Nu = 0.59(Gr \times Pr)^{1/4} = \frac{h_n \cdot d}{\lambda_a} \tag{7-41}$$

当空气流掠过带钢表面的流态为紊流态时，即 $10^9 < Gr \cdot Pr < 10^{13}$ 时，则

$$Nu = 0.1(Gr \times Pr)^{1/3} = \frac{h_n \cdot d}{\lambda_a} \tag{7-42}$$

同时：

$$Gr = \frac{g \times \beta \times (T_s - T_a)d^3}{\nu^2} \tag{7-43}$$

式中，Nu 为带钢表面的 Nusselt 数；Pr 为 Prandtl 数；Gr 为 Grashof 数；g 为重力加速度，m/s^2；β 为空气的体积膨胀系数；d 为带钢尺寸特征数；ν 为空气动黏性系数，N · s/m^2；λ_a 为空气的热传导率，W/(m · ℃)。

带钢与空气之间的对流换热引起的温度变化，相较于热辐射的影响，通常只占一小部分，一般约为热辐射引起温降的 10%左右。为了简化模型，可以将热辐射系数和对流换热系数合并考虑。

7.3.1.2　水冷对流换热

带钢与冷却水之间的换热属于强制对流换热，其强度不仅与流体的物理性质和运动特性相关，还与带钢的传热特性密切相关。由于计算对流换热强度的过程较为复杂，为了简

化理论计算，通常采用牛顿公式。这种方法便于分析问题并减少计算难度。牛顿公式假设带钢与冷却水之间的换热过程中，热传导占主导地位，从而可以用于计算水冷引起的温度变化。当冷却水与带钢表面接触时，带钢表面通过对流散失的热量可以用公式表示为：

$$dQ = -2F\alpha(T - T_0)d\tau \tag{7-44}$$

式中，T 为带钢表面温度，℃；T_0 为冷却水温度，℃；$2F$ 为带钢与冷却水接触面积，m^2；τ 为热交换时间，s；α 为对流换热系数，$J/(m^2 \cdot s \cdot ℃)$。

带钢的温度会随着热量的散失而下降。如果带钢的温降为 dT，则带钢的热焓量变化值可表示为：

$$dQ = F \times \rho \times c_P \times h \times dT \tag{7-45}$$

由式（7-44）与式（7-45）可以得到带钢的对流温降公式为：

$$dT = \frac{-2\alpha}{\rho c_P h}(T - T_0)d\tau \tag{7-46}$$

式中，h 为带钢厚度，m；c_P 为带钢的比热容，$J/(kg \cdot ℃)$；ρ 为带钢密度，kg/m^3。

用 T_1、T_2 表示带钢的初冷温度（℃）与终冷温度（℃）；τ_1、τ_2 表示冷却的开始时刻与终止时刻，对上式进行积分，得：

$$\ln\frac{T_2 - T_0}{T_1 - T_0} = \frac{-2\alpha}{\rho c_P h}(\tau_2 - \tau_1) \tag{7-47}$$

令 $\tau = (\tau_2 - \tau_1) = \frac{L}{v}$，式中 L 为冷却区长度，m；v 为带钢的运行速度，m/s。

则

$$T_2 = T_0 + (T_1 - T_0)\exp\left(\frac{-2\alpha}{\rho c_P h} \cdot \frac{L}{v}\right) \tag{7-48}$$

7.3.2 换热系数的优化

7.3.2.1 空冷换热系数调优

在实际生产中，由于各种已知或不可预测因素的影响，冷却系统的特性会不断变化。为了使空冷换热系数模型能够适应这些变化，采用空冷自学习模型实时在线修正空冷换热系数[60]。该自学习模型的主要目的是通过学习得到一个自学习因子，用以修正换热系数。单纯依赖设定的模型进行计算机控制，其预报精度存在一定的局限性。实际生产中的测量误差以及系统特性的变化可能会影响模型的预测精度，因此，模型需要具备自我学习的能力，以确保预测结果的准确性。

具体方法是，通过最近十块带钢的自学习因子进行修正，并根据冷却过程中的时间顺序对这些因子进行加权。加权后的自学习因子平均值作为当前带钢的短期自学习因子。同时，上一块带钢的长期自学习因子与当前带钢的实测瞬时自学习因子进行指数平滑处理，得到本块带钢的长期自学习因子。

空冷自学习的基本原理是：根据当前带钢开冷温度的实测值与计算值之间的偏差，修正模型中的换热系数。学习原理如下：

$$k_{\mathrm{air}}=f_{\mathrm{air}}\frac{T_{\mathrm{FRmea}}-T_{\mathrm{SCmea}}}{T_{\mathrm{FRcal}}-T_{\mathrm{SCcal}}} \tag{7-49}$$

式中，k_{air} 为修正后空冷换热系数因子；f_{air} 为修正前的空冷换热系数因子；T_{FRmea} 为实测终轧温度，℃；T_{SCmea} 为实测开冷温度，℃；T_{FRcal} 为计算终轧温度，℃；T_{SCcal} 为计算终冷温度，℃。

在计算空冷换热系数时，自学习模型将短期自学习因子应用于空冷换热系数模型中，从而优化换热系数的计算过程。这一优化提高了空冷模型对开冷温度预设定计算精度的准确性。

新的空冷换热系数为：

$$h_{\mathrm{n}}^{*}=k_{\mathrm{air}}\times h_{\mathrm{n}} \tag{7-50}$$

式中，h_{n}^{*} 为新的空冷换热系数，J/(m^2·s·℃)；h_{n} 为之前的空冷换热系数，J/(m^2·s·℃)。

7.3.2.2 水冷换热系数调优

为了反映相同规格带钢的层流冷却换热系数的变化趋势，使热交换学习系数变化更加接近实际和平滑，对下一块带钢的学习系数取最近冷却的 n 块带钢的修正系数的加权平均值。在实际生产中，n 值稍取大一点，取为 10。因此，第 $n+1$ 块带钢的学习系数表达式为：

$$A(n+1)=a_{n}A(n)+a_{n-1}A(n-1)+\cdots+a_{n-9}A(n-9) \tag{7-51}$$

式中，$A(n)$ 为第 n 块带钢的自学习系数；a_n 为最近冷却的第 n 块带钢的自学习系数权重，权重按带钢冷却时间的先后进行分配，第 n 块带钢表示当前正在冷却的板坯。

为适应生产的特点，权重依据数据的先后取不同的权值。给新数据较大的权重，给陈旧数据较小的权重。较大程度地利用新数据来改变自学习系数。

结合式（7-51），新的水冷换热系数 α^{*} 为：

$$\alpha^{*}=A(n+1)\alpha \tag{7-52}$$

层流冷却模型设定界面如图 7-8 所示。

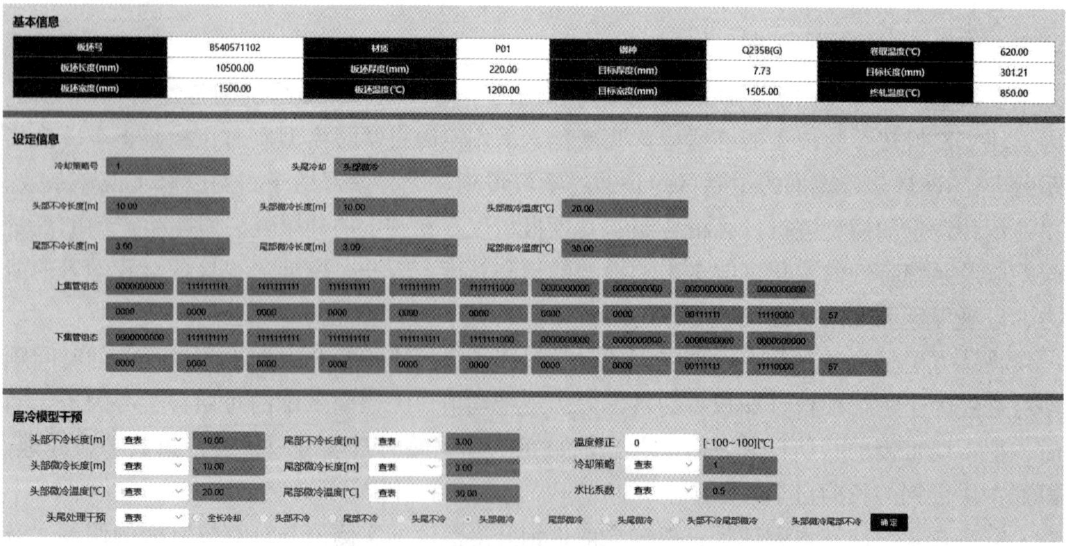

图 7-8 层流冷却模型设定界面

7.4　卷取机及张力控制的发展

卷取机位于整个自动化生产线的末端，是热连轧生产线的最后一道工序。卷取机能否按要求将带钢卷绕成需要的钢卷对整个热轧生产线的质量和产量意义重大。在卷取过程中，为保证带钢的卷形，要使精轧机、卷筒和夹送辊等部件密切配合，保持带钢在恒定张力控制下进行卷取[60]。在带钢轧制中采用张力控制，目的是为了提高板形质量，降低轧制负荷和能耗，生产出高质量的产品。特别是近几年对薄带钢产品的需求越来越大，张力控制在薄带钢生产中的作用更加重要，从某种意义上可以说薄带钢生产的核心问题是恒张力控制。

卷取机的设备示意图如图 7-9 所示。设备包括热输出辊道（G 辊道：精轧末机架至卷取机前的辊道）、层流冷却设备、卷取前侧导板、夹送辊、助卷辊、卷取机等。

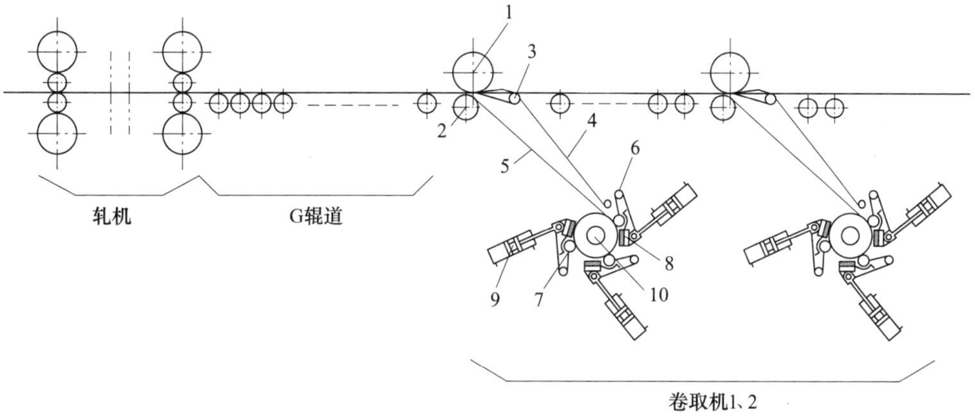

图 7-9　卷取机的设备示意图

1—上夹送辊；2—下夹送辊；3—开关板；4—斜溜槽板；5—升降导板；6—摆动架；7—助卷辊；8—弧形裙导板；9—液压缸；10—芯轴

7.4.1　卷取机的分类及发展

按照卷取机芯轴（即卷筒），卷取机可分为有芯卷取机和无芯卷取机两类。有芯卷取机有卷取芯轴，带钢从运输辊道过来后，通过入口侧导板、夹送辊及助卷辊卷绕到卷筒上；无芯卷取机没有卷筒，依靠带钢的高速运行，通过入口侧导板、夹送辊、导向板及助卷辊卷取成带卷。

按照卷取形式，卷取机可分为立式卷取机和卧式卷取机[61]。立式卷取机是在带钢出了末架精轧机后，通过扭转导板作用，将水平运行的带钢宽面直立，转化成蛇形在链板机上运行，之后靠夹送辊夹送进入卷取机，这种卷取机一般适用于 450 mm 以下的窄带钢；卧式卷取机是在带钢轧制后，其运行过程无空间位置变化，直接进行水平卷取。立式有芯和卧式有芯卷取机如图 7-10 和图 7-11 所示。

热连轧生产技术从诞生发展至今，热轧卷取机经历了多次技术革新[62]。由最初的气压传动发展至气压、液压混合传动再至纯液压传动。根据其传动载体可将其大致划分为三

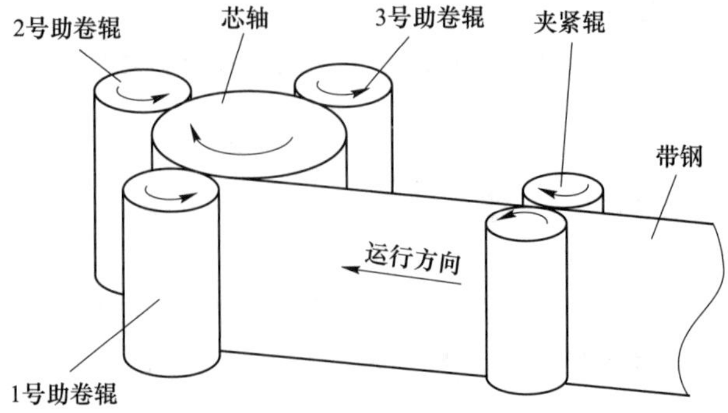

图 7-10　立式有芯卷取机

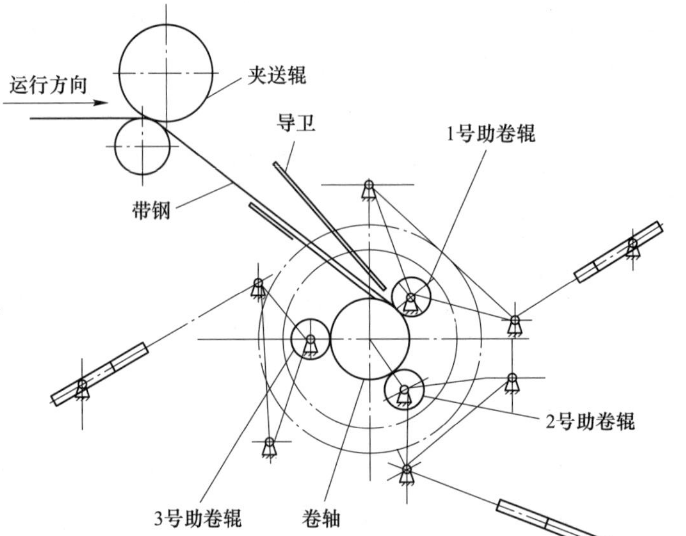

图 7-11　卧式有芯卷取形式

代：第一代的典型代表如日本石川岛提供的武钢热轧气动卷取机，第二代典型代表如德国 SMS 提供的利比亚米苏腊塔钢厂热轧气动液压卷取机，第三代典型代表如德国 SMS 提供的宝钢热轧液压卷取机，日本 IHI 全液压卷取机也采用了类似技术。

第三代全液压传动卷取机虽然在构造上与前代产品类似，一般主要由夹送辊、对中导板、助卷辊、卷筒、卷取机机架及相关的附件组成，但其工作部件一般具有闭环自动控制功能。例如对中导板机构，通过位置传感器随时追踪带钢位置，并将信号实时反馈给控制器，控制器向伺服阀发出指令，伺服阀控制液压缸动作使带钢位置随时对中，最终保证钢卷不出现如塔形、波浪形等卷形缺陷。

高性能钢材的需求也催生了更为先进的现代化热连轧机组以及卷取设备。较之过去，新型卷取机不仅卷取速度极大提高，且所生产的钢卷卷形更加标准整齐，钢卷表面质量更优。代表产品如西门子奥钢联公司推出的新一代的热轧地下卷取机，该卷取机被命名为四辊强力卷取机，这种新型卷取机 2006 年在法国 Fos-sur-Mer 地区的 Arcelor Mittal（阿赛洛米塔尔钢厂）热轧生产线首次应用，其卷取能力远远超出了传统卷取机的能力极限，完全满足了钢厂对卷取厚规格、高强钢的需求。

7.4.2　卷取张力控制发展现状

目前，卷取机的张力控制主要有直接张力控制和间接张力控制两种方法。直接张力控制的原理是在实际的带钢卷取系统内部设置张力传感器，采取闭环控制，这种控制的方法是利用检测到的张力参数作为反馈值，控制精度取决于传感器的精度，而且开始阶段会有较大的波动。间接张力控制的原理是通过控制其他参数构成闭环控制，张力是通过电流计算得到，控制系统相对比较复杂，但是成本低，随着电子技术的发展，间接张力控制的精度越来越高[63]。

在卷取过程中，张力是板带与卷取机相互作用的结果。会受到多种因素的影响，如板带的材质、厚度、速度、卷取机的性能等。不同材质的板带，其物理性质如弹性模量、屈服强度、延展性等也各不相同，而这些特性直接决定了在卷取过程中板带对张力的响应方式和承受能力。例如，高强度合金钢板带相较于普通碳钢板带，在相同条件下可能需要更高的张力才能保持稳定的卷取状态。较厚的板带由于具有更大的惯性和刚性，对张力的变化反应相对迟缓；相反，薄板带则更容易受到张力波动的影响，因此需要更精确的张力控制系统确保卷取过程的平稳进行[64]。

卷取速度的快慢也直接影响到张力的变化。随着卷取速度的加快，板带与卷取机之间的摩擦力、动态响应速度等都会发生相应变化。过快的卷取速度可能导致张力不足，引发板带松散或滑落；而过慢的卷取速度则可能因张力过大而损坏板带表面或增加能耗。

卷取机的性能同样是影响张力的关键因素之一。先进的卷取机常配备有精确的张力检测与调节装置、高效的传动系统和优化的机械结构设计，能够确保在不同工况下都能提供稳定且可调的张力输出。因此，要实现张力的精确控制，需要系统分析张力的形成过程，理解其产生机制和变化规律。分析过程中建立张力计算公式，进一步建立卷取机张力控制系统的数学模型，通过控制卷取机的速度和转矩，实现对张力的间接控制。

7.4.3　卷取张力控制基本方法

7.4.3.1　直接张力控制

用张力测量设备（张力计等）来测量带钢张力，通过将测量的带钢张力与设定值比较而得到张力差，形成张力闭环，以此进行卷取机带钢张力控制，张力闭环最大程度上减小了时变参数因素对张力的影响。该方式由于张力计的存在，使得直接张力的控制误差小，但由于需要张力计，使得卷取机的张力控制精度完全取决于张力计测量的精度和稳定性。直接张力控制原理如图 7-12 所示[65]。

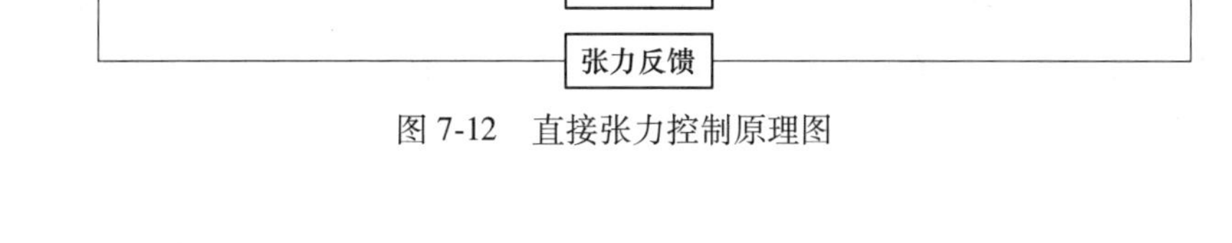

图 7-12　直接张力控制原理图

7.4.3.2 间接张力控制

在间接张力控制方法中不需要张力计来检测带钢张力，而是控制影响带钢张力的变量，最终实现卷取机张力的控制，这些影响卷取张力大小的变量可以通过分析卷取机工作的过程来得到。在控制应用程序中给出带钢张力和速度的设定值，这些值转化成电流、电压信号对卷取电机输出转矩进行控制从而实现带钢张力的间接控制。

间接张力控制和直接张力控制比较，降低了设备仪表费用，且直接控制电流、电压信号使系统具有更好的动态响应性能。但由于没有实测反馈张力从而使间接张力控制系统可能存在稳态误差，且控制系统相对比较复杂。间接张力控制原理如图7-13所示。

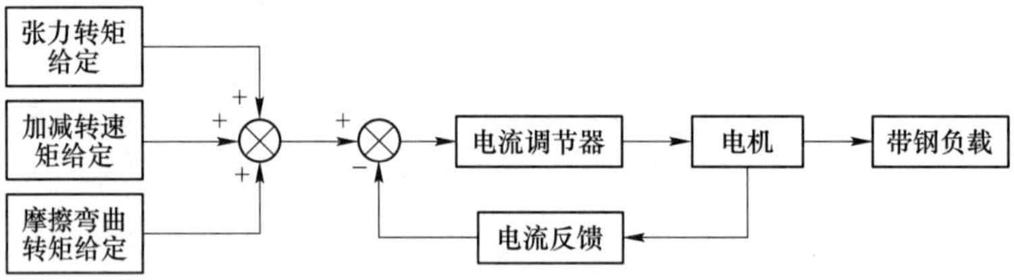

图7-13 间接张力控制原理图

间接张力控制通过上位机给定的带钢张力和工艺确定的出口带钢线速度来计算转矩的参考值，但由于没有张力计检测所以无法确定张力的控制结果，一般通过计算的方式，由输出转矩与带钢半径的比值可以间接反馈目前带钢的张力，发布在上位机上供操作人员参考。

7.4.3.3 复合张力控制

由于间接张力控制无法确定准确的张力控制结果，所以基于间接张力控制，在其控制回路的最外层增加张力计来检测张力，从而形成张力环路进行精确控制，这就是复合张力控制。由于加入了张力计并且形成了张力控制回路使得卷取机张力控制系统在控制上更加复杂，但其较间接张力控制不存在稳态误差，较直接张力控制响应速度更快。

7.5 卷取基本控制功能

卷取基本控制功能贯穿了从带钢进入卷取区域到卷取完成的全过程，其核心目标是保证钢卷的紧密性、整齐性以及表面质量，满足高效、稳定的生产需求。夹送辊、卷取机和助卷辊是主要控制部件，其各司其职又紧密配合，共同完成带钢的卷取作业。

夹送辊位于卷取机入口，通过速度、压力和辊缝控制建立初始张力，确保带钢顺利进入卷筒；卷取机则通过精确的速度和张力调节实现带钢的高质量卷取，动态控制中综合考虑卷径变化、钢带特性以及张力分布，采用直接或间接张力控制方法维持稳定的卷取状态；助卷辊通过踏步控制和压力调节辅助带钢头部精准咬入并稳定缠绕，自动踏步功能进一步减少了对带钢表面的压痕影响。

在卷取过程中，各设备需实时感知带钢状态，并根据钢带材质、厚度、速度等参数动态调整控制策略，确保带钢在高速运行下的安全性与卷取质量。与此同时，卷取机控制系统采用高性能多任务计算结构，通过预测控制和反馈调节相结合的方式应对张力波动和速度变化，保证了快速响应性和稳定性。卷取机主监控界面如图 7-14 所示。

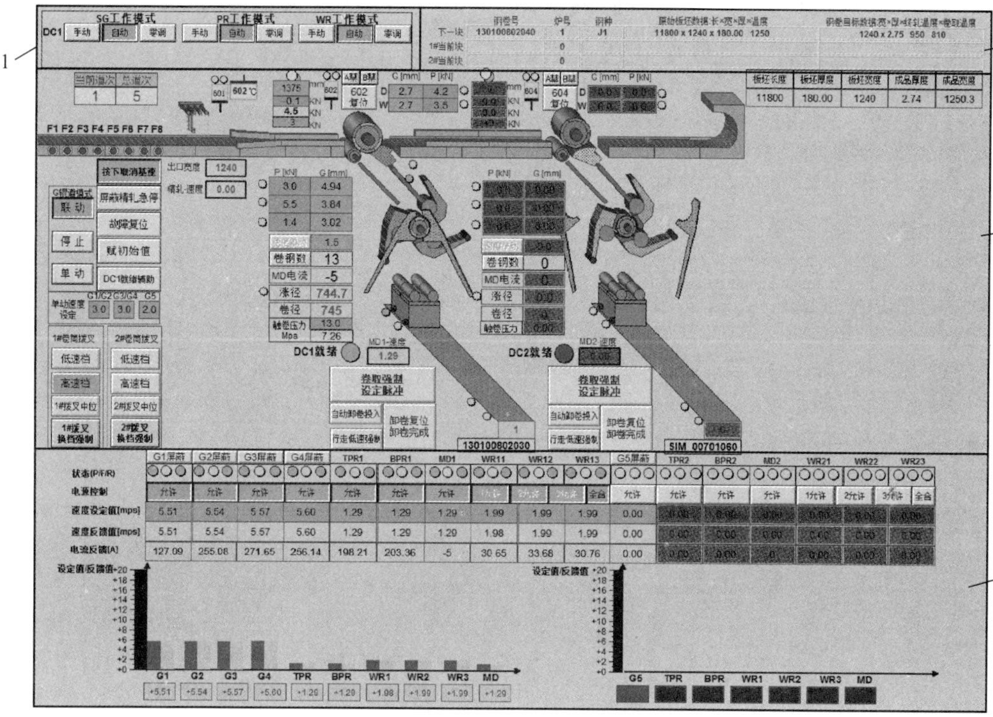

图 7-14　卷取工序仿真主监控界面

1—工作模式；2—PDI 信息；3—卷取区域实际设备监控；4—设定反馈参数实时监控

7.5.1　夹送辊速度、张力控制

夹送辊是卷取机中关键的辅助装置，位于卷取机入口前，它的作用一是在带钢尾部离开轧机时建立带尾与卷筒之间的张力；二是在开始卷取时咬入带钢，使带钢头部向下弯曲并沿着导板方向顺利地进入卷筒和第一助卷辊之间进行卷取。

在结构上，夹送辊由辊筒、驱动装置、压紧装置、冷却系统、检测与控制系统组成。辊筒通常为两根或多根相对布置，形成夹持通道。在热连轧中，辊筒通常采用耐热合金钢或陶瓷涂层，冷连轧中多采用高强度钢或橡胶涂层。驱动装置驱动辊筒旋转，为钢带提供适当的夹送力和牵引速度，多为由电机或液压系统提供动力。压紧装置通过液压或气动系统控制上下辊筒间的压力，以适应不同厚度和材质的钢带。

通常，在带钢头部到达之前，卷筒以大于带钢的速度运行，其目的是把带钢头部导入卷取机。此时，夹送辊的速度超过带钢速度的 2%～10%。卷取机卷筒导入带钢后，为防止带钢松卷，夹送辊为卷筒和夹送辊之间的带钢提供一个恒定的小张力，夹送辊之间的速度与带钢的速度同步，此时夹送辊起到传送辊道的作用。精轧末机架抛钢后，夹送辊的速度比带钢的速度滞后 2%～5%，为夹送辊和卷筒之间的带钢提供后张力。在实际控制中，根据夹送辊为带钢提供张力的大小调节其运转速度，从而优化夹送辊控制方法，维持生产所需张力。

夹送辊参数设定界面如图 7-15 所示。

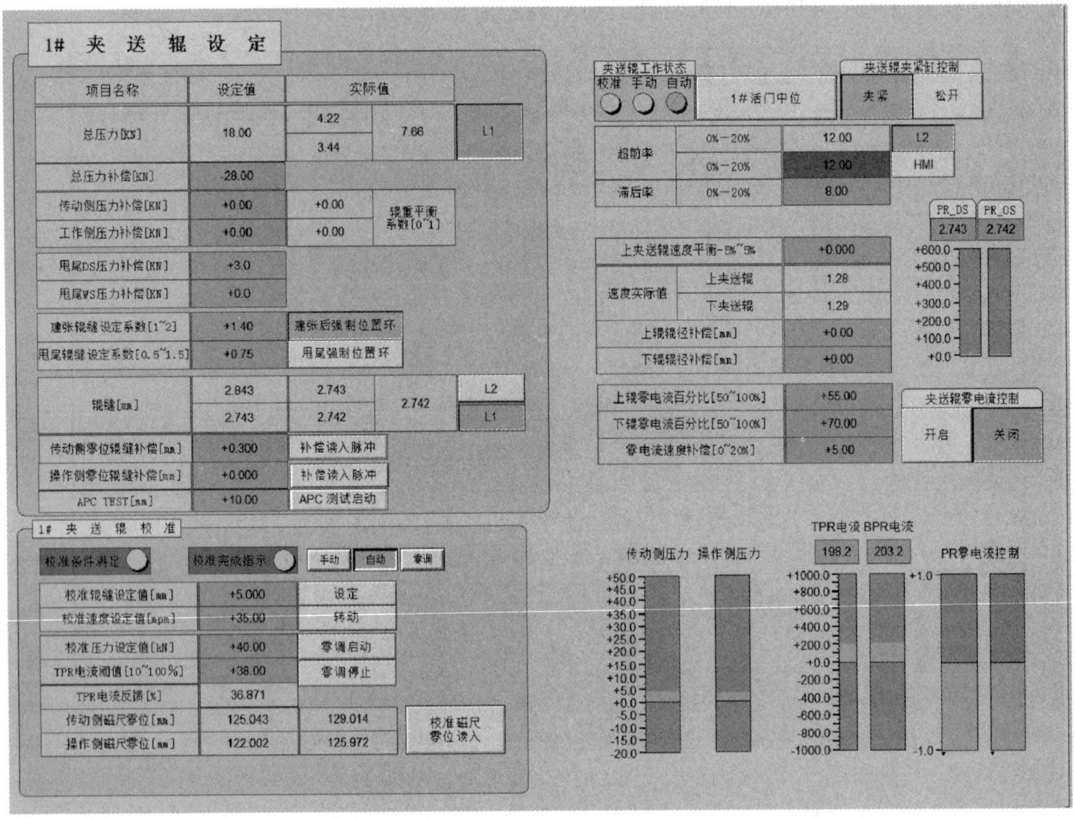

图 7-15　夹送辊参数设定界面

到达夹送辊之前，为了把带钢顺利导入卷取机并为了解决根据夹送辊为带钢提供张力的大小调节其运转速度，维持生产所需的张力。张力数学模型如下式所示：

$$F = \frac{T_{\mathrm{M}} - T_{\mathrm{MLOSS}} - T_{\mathrm{ACC/DEC}}}{R} \tag{7-53}$$

式中，F 为夹送辊张力，N；T_{M} 为夹送辊电机反馈转矩，N·m；T_{MLOSS} 为夹送辊机械损失转矩，N·m；$T_{\mathrm{ACC/DEC}}$ 为夹送辊加减速转矩，N·m；R 为夹送辊半径，m。

让夹送辊以不同速度运行，实测出夹送辊的实际机械损失力矩如表 7-2 所示。

表 7-2　夹送辊机械损失力矩实测结果

夹送辊速度百分数 v/%	T_{MLOSS} 夹送辊机械力矩损失/N·m
0	0
10	470
20	450
30	520
40	570
50	680
60	710

续表 7-2

夹送辊速度百分数 v/%	T_{MLOSS} 夹送辊机械力矩损失/N · m
70	760
80	720
90	690
100	690

并拟合出夹送辊速度百分数和力矩损失的关系，如式（7-54）所示。

$$T_{MLOSS}=f(v) \tag{7-54}$$

式中，v 为夹送辊的速度百分数，%。

加减速转矩则由式（7-54）求得：

$$T_{ACC/DEC}=J\frac{d\omega}{dt}=J\frac{d\dfrac{2\pi n}{60}}{dt}=\frac{GD^2}{4g}\frac{d\dfrac{2\pi n}{60}}{dt}$$

$$=\frac{GD^2}{4g}\frac{2\pi}{60}\frac{dn}{dt}=\frac{GD^2}{375}\frac{dn}{dt} \tag{7-55}$$

式中，$T_{ACC/DEC}$ 为夹送辊加减速转矩，N · m；ω 夹送辊旋转速度，rad/s；J 为夹送辊转动惯量，kg · m^2；D 为夹送辊直径，m；g 重力加速度，9.8 m/s^2；GD^2 夹送辊飞轮转矩，N · m^2；$\frac{dn}{dt}$ 夹送辊旋转矩角加速度，r/min。

7.5.2 卷取机速度、张力控制

在准备状态下，辊道速度高于（超前）带钢速度，可防止堆钢，并产生一定的张力。助卷辊速度高于带钢速度，便于咬入。卷筒的速度高于助卷辊的速度，有利于带钢卷上卷筒。正常卷取时，由卷筒和带钢之间的速度差保持张力。收卷时，助卷辊速度低于卷筒速度，以维持收卷张力。辊道速度低于带钢速度，增加带钢前进的阻力，防止带尾跳动。

卷取机张力来自电动机，与电动机电枢电流 I_s 成正比。

电动机力矩 M：

$$M=K_M\times\Phi\times I_s \tag{7-56}$$

式中，K_M 为常数；Φ 为磁通量，Wb；I_s 为电动机与电枢电流，A。

卷取张力 T 与电动机力矩 M 有如下关系：

$$T=\frac{2M}{D} \tag{7-57}$$

式中，D 为带卷直径，m。

$$v=\frac{\pi\times D\times n_d}{60i} \tag{7-58}$$

式中，v 为带钢线速度，m/s；n_d 为电动机的转速，r/s；i 为电动机与卷筒的速度比。

由式（7-57）和式（7-58）得：

$$D=\frac{v\times i\times 60}{\pi\times n_d} \tag{7-59}$$

$$T = \frac{2K_M \times \Phi \times I_s}{D} \tag{7-60}$$

卷取机主电机电枢电势 E 为：

$$E = K_c \times \Phi \times n_d \tag{7-61}$$

式中，K_c 为常数；Φ 为磁通量，Wb；n_d 为卷取机主电机转速，r/s。

将式（7-59）代入式（7-60）得：

$$T = \frac{2\pi \times K_M \times I_s \times n_d}{60v \times i \times K_c \times n_d} \tag{7-62}$$

如上述可知：为保持张力不变，必须保持卷取机卷取带钢速度不变，事实上随着卷径变化以及外界的干扰，卷取带钢线速度是随时变化的，为保持线速度不变，一般采用调整异步电机转速的方法，以此保证带钢卷取线速度不变。卷取机速度调节除包括上述内容外，还应包括根据工艺要求，对机组速度进行调整。一般机组速度调节，可采用改变电压方式从基速 n_b 向下调。这样决定最大机组速度 v_{max} 与最大卷径 D_{max} 时的转速为基速 n_b，由此可见：调速范围应满足式（7-63）：

$$q = \frac{n_{max}}{n_b} \geqslant \frac{D}{d} \tag{7-63}$$

式中，n_{max} 为卷筒的最大卷速与基速，m/s；n_b 为卷筒基速，m/s；D 为带卷的外径，m；d 为带卷内径，m。

依据式（7-58）得到：

$$\frac{\Phi}{D} = \frac{\pi}{60} \times \frac{E}{v} \times \frac{1}{C_E} \tag{7-64}$$

式中，Φ 为磁通量，Wb；v 为带钢线速度，m/s；C_E 为电机电势的转速比；D 为卷径，m；E 为电机电动势，V。

由式（7-64）可知：磁通与卷径比值为常量，控制系统可通过控制磁通实现张力恒定。

励磁环传递函数如式（7-65）所示：

$$W_F(s) = \frac{1}{T_F s + 1} \tag{7-65}$$

式中，T_F 为励磁电流惯性时间常量。

励磁电流传递函数 $W_{AFR}(s)$ 如式（7-66）所示：

$$W_{AFR}(s) = K_F \tag{7-66}$$

式中，K_F 为比例放大系数。

结合分析设计，可得电磁环传递函数如式（7-67）所示：

$$W_{BIF}(s) = \frac{\frac{K_F}{K_F + 1}}{\frac{T_F}{K_F + 1}s + 1} \tag{7-67}$$

励磁电流与磁通可近似简化为一阶环节，如式（7-68）所示：

$$W_{\phi}(s)=\frac{1}{T_{\phi}s+1} \tag{7-68}$$

式中，T_{ϕ} 为惯性常数。

如式（7-69）所示，设计二阶系统，即采用 PI 控制器，其传递函数为：

$$W_{\mathrm{AER}}(s)=\frac{K_{\mathrm{pe}}(\tau_{\mathrm{ef}}s+1)}{\tau_{\mathrm{ef}}s} \tag{7-69}$$

电动势的开环传递函数如式（7-70）所示：

$$W_{\mathrm{IE}}(s)=\frac{1}{C_{\mathrm{E}}}\frac{K_{\mathrm{pe}}(\tau_{\mathrm{ef}}s+1)}{\tau_{\mathrm{ef}}s}\times\frac{\dfrac{K_{\mathrm{F}}}{K_{\mathrm{F}}+1}}{\dfrac{T_{\mathrm{F}}}{K_{\mathrm{F}}+1}s+1}=\frac{K_{\mathrm{IE}}(\tau_{\mathrm{ef}}s+1)}{s\left(\dfrac{T_{\mathrm{F}}}{K_{\mathrm{F}}+1}s+1\right)} \tag{7-70}$$

消除电动势调节零点以及张力的大惯性时间常数，得到控制器积分时间常数如式（7-71）所示：

$$\tau_{\mathrm{ef}}=\frac{T_{\mathrm{F}}}{K_{\mathrm{F}}+1} \tag{7-71}$$

电势开环放大系数如式（7-72）所示：

$$K_{\mathrm{IE}}=\frac{1}{2T_{\phi}} \tag{7-72}$$

综上，可得电动势的调节比例放大系数如式（7-73）所示：

$$K_{\mathrm{pe}}=\frac{\tau_{\mathrm{ef}}}{2T_{\phi}\times C_{\mathrm{E}}}\times\frac{K_{\mathrm{F}}}{K_{\mathrm{F}}+1} \tag{7-73}$$

接下来设计张力环，首先处理设计好的电势环，电势环闭环传递函数如式（7-74）所示：

$$W_{\mathrm{BE}}(s)=\frac{1}{2T_{\phi}^{2}s^{2}+2T_{\phi}s+1} \tag{7-74}$$

建立电动势与张力关系：

$$E=C_{\mathrm{E}}\Phi n \tag{7-75}$$

$$T=C_{\mathrm{M}}\Phi I \tag{7-76}$$

式中，C_{M} 为电磁力矩常数；I 为张力设定电流，A。

$$T=F\frac{D}{2} \tag{7-77}$$

由式（7-75）~式（7-77）可得：

$$F=\frac{2C_{\mathrm{M}}I}{C_{\mathrm{E}}nD}E \tag{7-78}$$

张力环控制框图如图 7-16 所示。

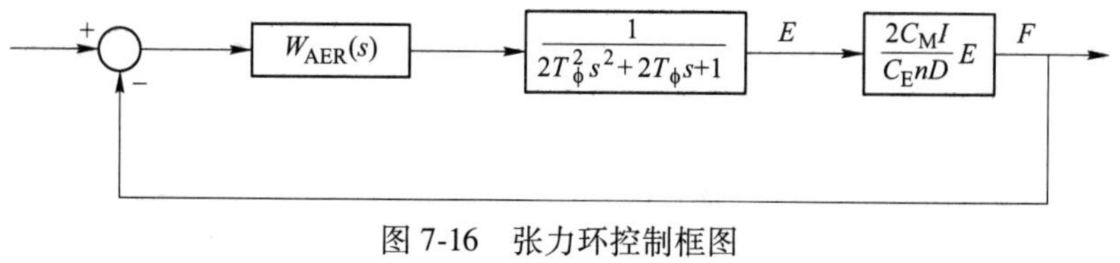

图 7-16　张力环控制框图

7.5.3 助卷辊速度、踏步控制

助卷辊踏步（AJC）控制是卷取机中一项重要的辅助功能，用于帮助钢带在卷取初期顺利缠绕到芯轴上。通过控制助卷辊上下踏步（分步移动）的运动方式，控制助卷辊的移动和压力调整，确保带钢头部能与芯轴表面精准接触并稳定卷绕。

卷取机有三个助卷辊和弧形裙导板，它们的作用是引导带钢头部使之弯曲成形，卷紧在芯轴上。每个助卷辊的径向合拢和张开方式，通过电机、齿轮机（速比 $i=1$）和方向接轴来实现。要求每个助卷辊都以相同的压力压在钢卷上（压紧力由液压缸产生），其中助卷辊和裙导板是可更换的耐磨件。

热连轧产线卷取机一般采用三助卷辊全液压地下卧式卷取机，卷形质量较好。三个助卷辊具有液压踏步控制功能 AJC(automatic jump control)。AJC 控制系统如图 7-17 所示，包括带钢头/尾跟踪、助卷辊位置控制和压力控制。

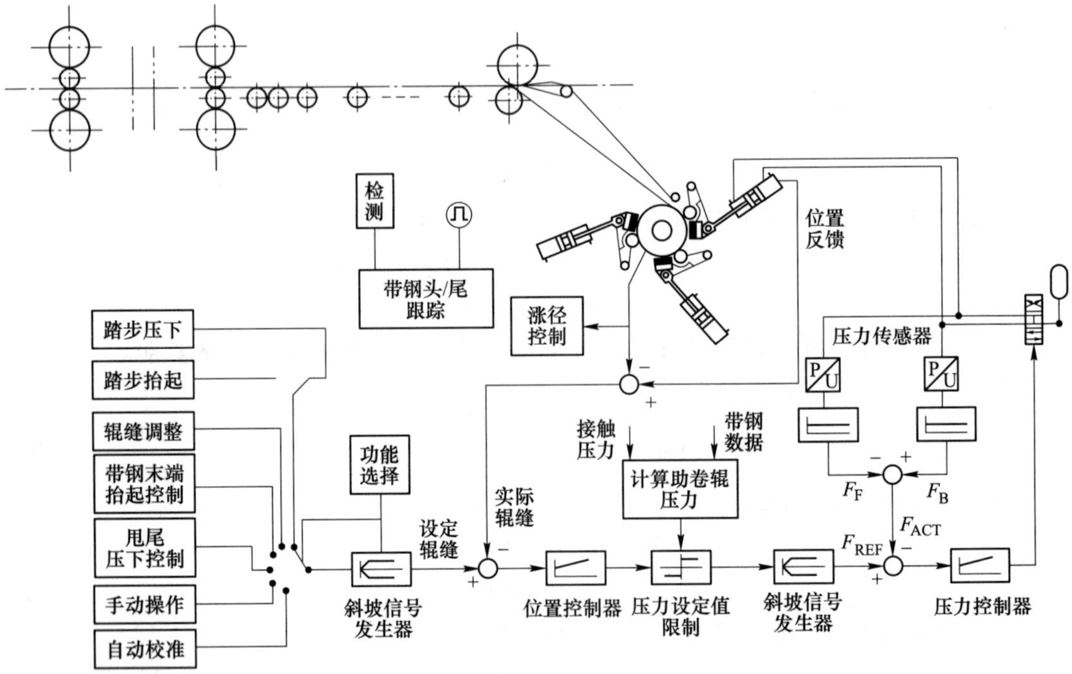

图 7-17 AJC 控制系统示意图

卷取机内部头部跟踪的算法基于对带钢实际速度的积分，起点位于夹送辊，当卷取张力建立、助卷辊打开时，踏步控制的带钢头部跟踪停止[66]，如式（7-79）所示：

$$L_H = \int_0^t v\mathrm{d}t + D_S \tag{7-79}$$

式中，L_H 为带钢头部长度，m；v 为精轧机末机架带钢实际速度（包括前滑量），m/s；D_S 为头部位置修正量，m。

由图 7-15 可见，如果以 1 号助卷辊的位置作为圆周的起点并定位为 0°，则 2 号助卷辊的位置角度为 110°，3 号助卷辊的位置角度为 220°。将带钢头部位置跟踪转化为头部在

卷筒上的角度变化，角度计算如式（7-80）所示：

$$D_H = \int_0^t \frac{360v}{\pi \cdot D_M} dt \tag{7-80}$$

式中，D_H 为带钢头部位于卷筒机上的位置角度，（°）；v 为精轧机末机架带钢实际速度，m/s；D_M 为卷筒实际直径，m。

助卷辊的起跳时机，按照 3 个助卷辊在卷筒上的相对位置，即 1 号助卷辊为 0°、2 号助卷辊为 110°、3 号助卷辊为 220°。在带钢头部到达各个助卷辊的相对位置前，助卷辊按照某一提前角起跳，使带钢头部通过此助卷辊。当头部超过助卷辊相对位置后，助卷辊压下并延迟投入压力控制。在实际应用中，根据带钢运行速度不同，起跳提前角在 40°~90°的范围内变化。助卷辊的跳跃量设定主要由带钢的厚度决定，同时，也需要考虑一定的辊缝误差。跳跃量的设定可根据卷取带钢的厚度微调，跳跃量的基本计算如式（7-81）所示：

$$H = T \times \left(2 - 0.8 \frac{T}{T_{MAX}}\right) + D_G \tag{7-81}$$

式中，H 为跳跃高度，m；T 为带钢厚度，m；T_{MAX} 为带钢极限厚度，m；D_G 为辊缝误差，m。

助卷辊参数设定界面如图 7-18 所示。

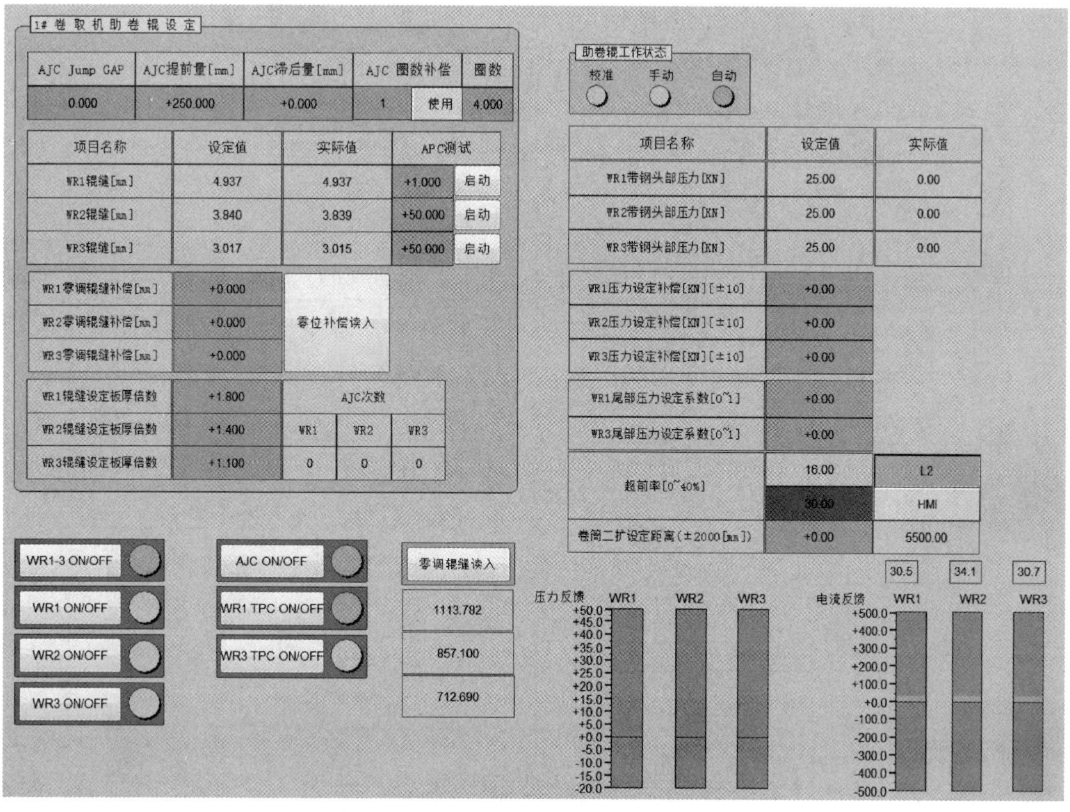

图 7-18 助卷辊参数设定界面

7.5.4　卸卷、运输链控制

卷取机的自动卸卷控制是一种用于卸载成品钢卷的智能化控制技术，能够在卷取完成后，通过自动化操作将钢卷从卷取机芯轴上安全、高效地转移至输送设备或存储区域。

带钢卷取过程中，运卷小车前进至卷取机下方，并进行一次上升，当卷取完成并尾部定位后，小车第二次上升，芯轴停止运转后，卸卷车托住带卷，芯轴缩径，运转小车将带卷运至钢卷升降机上，再由升降机将带卷移送到运输链上。整个控制过程由操作人员在操作台上手动/自动进行操作，手动控制时，操作人员控制小车的前进和上升等动作，并将这些信号传送到 PLC 中，由 PLC 控制卷取机的动作，保证卸卷的正常进行。自动控制时，直接由 PLC 根据工艺控制要求进行卸卷控制。卸卷控制仿真界面如图 7-19 所示。

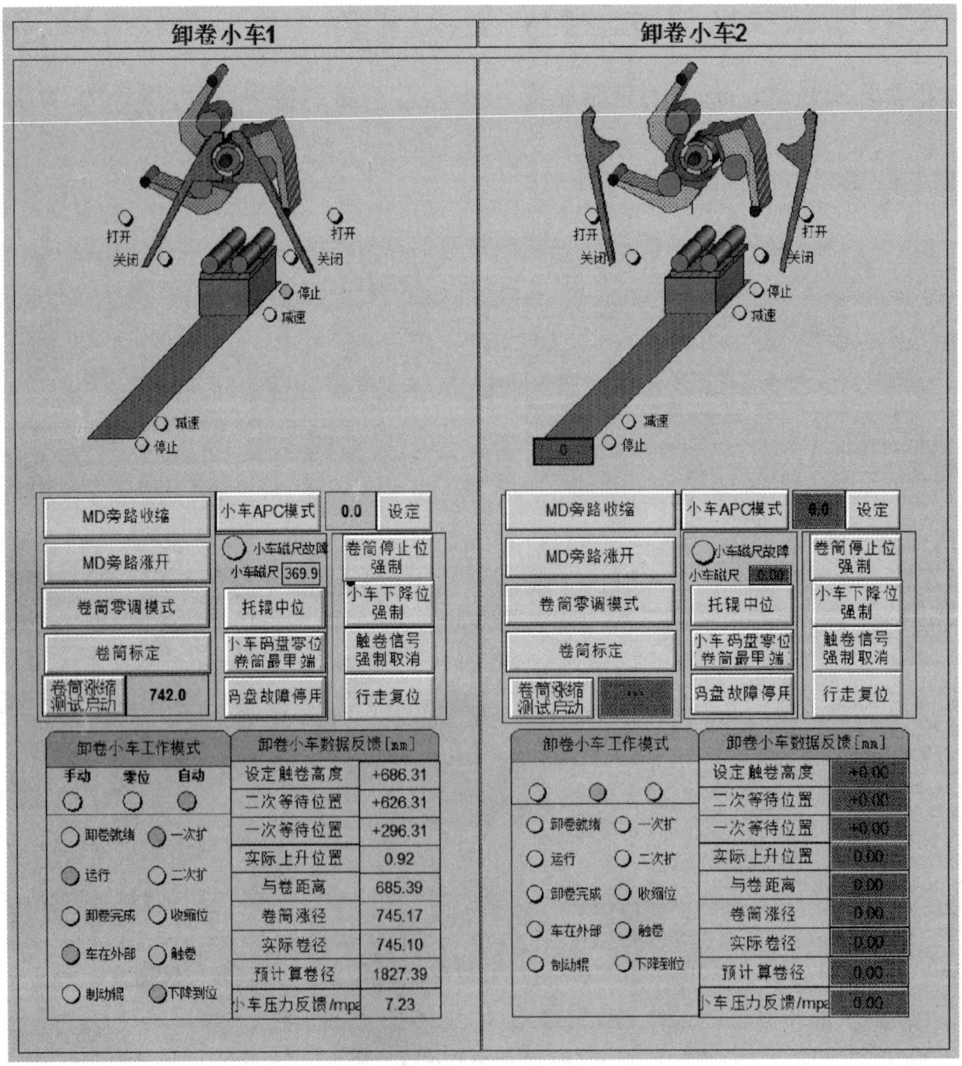

图 7-19　卸卷控制仿真界面

运输区设备主要由步进运输机、回转台、钢卷称重、提升机等设备组成。运输区设备主要完成将钢卷从打捆站运输至成品库进行堆放。步进过程的位置靠位置检测器检测，步进梁液压缸的起动和停止时均为低档，以减少机械设备的冲击。在输送钢卷过程中将对钢卷进行自动称重，称重完毕后，自动恢复输送工作，最后由吊车吊至指定目的地，整个输送过程均由 PLC 完成并由钢卷跟踪系统和界面监控系统进行全方位的控制。

运输链控制主要功能包括：收集区步进运输机的控制、收集区轧件跟踪、钢卷称重机的数据采集、收集区的手动控制、收集区逻辑联锁顺序控制。收集区步进运输机通过精确的速度和步进控制，确保钢卷在运输过程中的平稳。与之配合，跟踪系统实时监测钢卷的状态和位置，确保每卷钢带的信息得以准确记录，为后续操作提供支持。钢卷称重机负责实时采集钢卷的重量数据，确保精确的计量与质量控制，同时为库存管理和运输安排提供关键数据。尽管自动化控制系统大大提高了生产效率，但手动控制功能依然在特殊情况下发挥着重要作用，如设备故障或调整运输路径时，操作人员可以通过手动干预保障生产顺利进行。此外，收集区的逻辑联锁顺序控制确保了各设备之间的协调运作，避免了冲突或生产中断，使整个运输过程更加流畅和高效。运输链控制仿真界面如图 7-20 所示。

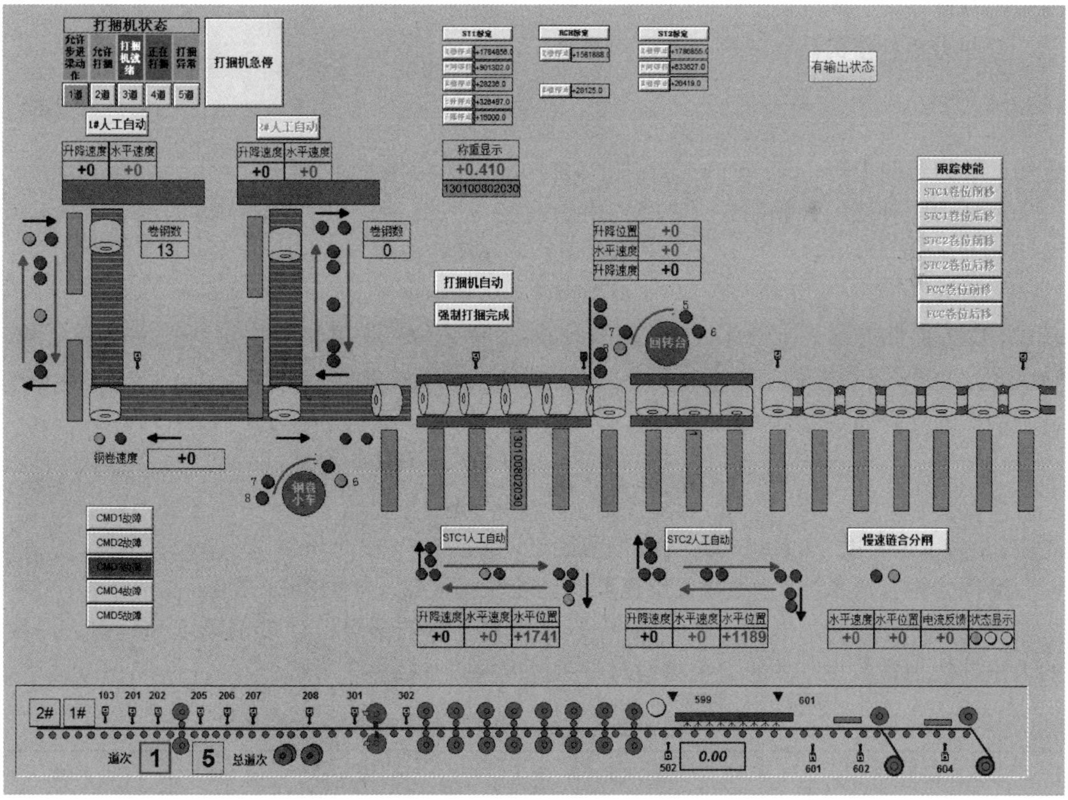

图 7-20 运输链控制仿真界面

7.6　卷取控制系统优化

7.6.1　卷取张力模型

卷取机张力控制的重要目的是保证张力的恒定，L2 级为了保证 L1 级进行各力矩的准确计算，需要设定如下变量：带钢单位张力、最小张力、屈服应力、锥度补偿起始卷径、锥度率。卷取机的张力控制是最大输出转矩控制，就是通过控制电机力矩电流实现控制卷筒电机的输出转矩[67]。卷取机卷筒电机的输出总转矩中包含如下分量：带钢张力力矩、弯曲力矩补偿、惯性力矩补偿、摩擦力矩补偿、带钢厚度补偿、加减速补偿、锥度补偿。

张力力矩 T_f 计算如式（7-82）所示：

$$T_f = \frac{F_t \gamma D}{2} \tag{7-82}$$

式中，T_f 为张力力矩，N · m；γ 为齿轮减速比；D 为钢卷外直径，m；F_t 为作用在带钢上的张力，N。

$$F_t = U_t W h \tag{7-83}$$

式中，U_t 为 L2 级计算机根据带钢层别文件设计的单位张力，N；W 为带钢目标宽度，m；h 为带钢目标厚度，m。

弯曲力矩补偿的计算如式（7-84）所示：

$$T_b = \frac{W h^2 \sigma \gamma}{4} \tag{7-84}$$

式中，T_b 为弯曲力矩，N · m；σ 为屈服应力，N；γ 为齿轮减速比。

惯性力矩补偿的计算如式（7-85）所示：

$$T_i = \frac{GD^2}{375} \frac{\mathrm{d}N}{\mathrm{d}t} = \frac{GD^2}{375\pi D} \frac{\mathrm{d}v}{\mathrm{d}t} \tag{7-85}$$

式中，T_i 为惯性力矩，N · m；v 为带钢线速度，m/s；GD^2 为电机轴上全部转动惯量之和，kg · m^2。

GD^2 的计算如式（7-86）所示：

$$GD^2 = GD_0^2 + \frac{\pi \rho W (D^4 - D_0^4)}{8} \tag{7-86}$$

式中，ρ 为带钢密度，kg/m^3；D_0 为卷筒直径，m。

摩擦力矩补偿系数 T_m 为与带钢速度有关的经验常数，如图 7-21 所示。

带钢头部卷取时的力矩补偿 T_h 是以厚度为自变量的函数，当带钢厚度一定时，厚度的力矩补偿为常数。厚度的力矩补偿与带钢厚度关系如表 7-3 所示。

表 7-3　厚度的力矩补偿与带钢厚度关系

带钢厚度 h/mm	$h \geqslant 5$	$4 \leqslant h < 5$	$3 \leqslant h < 4$	$2 \leqslant h < 3$	$1 \leqslant h < 2$	其他
力矩补偿 T_h/N · m	4500	4000	2500	2000	1000	0

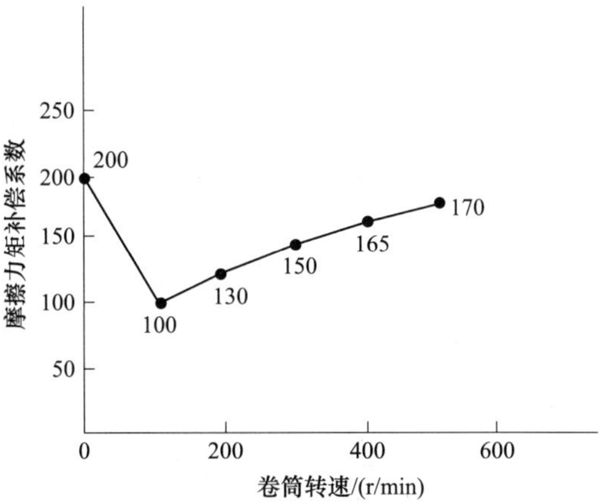

图 7-21 摩擦力矩补偿系数与卷筒转速关系图

加减速补偿力矩的计算如式（7-87）所示：

$$T_a = GD^2 \frac{2\gamma}{D} \frac{dv}{dt} \tag{7-87}$$

式中，T_a 为加减速补偿力矩，N · m；γ 为齿轮减速比；GD^2 为电机轴上全部转动惯量之和，kg · m^2；D 为钢卷外直径，m；v 为带钢线速度，m/s。

锥度补偿的控制思想是在钢卷头部卷取时，张力稍大些，为了避免末架精轧机抛钢时带钢瞬时失张导致甩尾，在卷取到一定程度时，使用锥度补偿控制逐渐将带钢张力减小到最小张力，使 F6 以最小张力抛钢，保证钢卷紧密，卷形良好，锥度控制是以钢卷直径为基准的，如图 7-22 所示。图中 U_{t0} 为锥度补偿控制之前的单位能力；U_{t2} 为最小单位张力；D_0 为钢卷起始直径（卷筒直径），m；D_1 为锥度补偿控制起始卷径，m；D_2 为锥度补偿控制结束卷径，m。U_{t0}、U_{t2}、D_1 的锥度率由 L2 级设定。

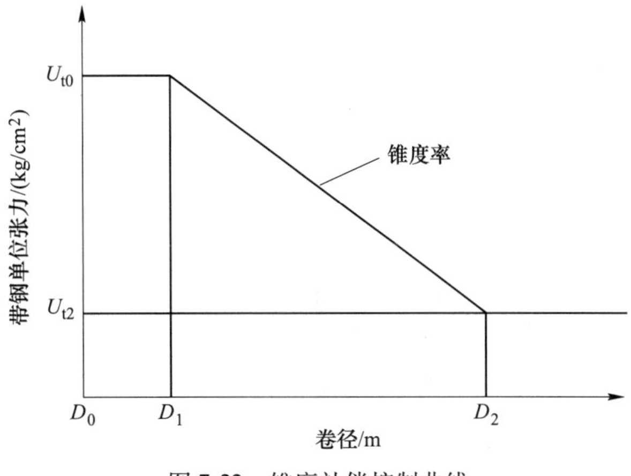

图 7-22 锥度补偿控制曲线

钢卷外直径使用卷取圈数计数方式进行计算，其式如式（7-88）和式（7-89）所示：

$$D = \sqrt{\frac{D_W^2 + 2D_0D_W}{\delta} + D_0^2} \tag{7-88}$$

$$D_W = 2\pi\tau \tag{7-89}$$

式中，τ 为钢卷直径计算启动后卷筒的旋转圈数计数值；δ 为占积率（≤1.0），考虑带钢层与层之间间隙的校正系数。

7.6.2 卷取设定模型

（1）G 辊道超前率：带钢头部离开末机架时将失去张力，这样容易使头部起皱，影响带钢的卷取。控制 G 辊道的速度，使它大于末机架的轧制速度，这样就可以在带钢头部进入 G 辊道时继续保持一个向前的张力，便于卷取。G 辊道的超前率是指 G 辊道速度和末机架轧机速度的差值和末机架轧机速度的比值。

$$\text{G 辊道超前率} = f_{gid}(H_{id}) \tag{7-90}$$

式中，H_{id}为来料带钢在分类表中的厚度档；$f_{gid}(\ )$ 为对厚度档 G 辊道超前率的函数。

（2）G 辊道滞后率：带钢尾部离开末机架时也将失去张力，使尾部起皱，控制 G 辊道的速度，使它小于末机架轧机的速度，使尾部继续保持向后的张力进行卷取。G 辊道的滞后率是指末机架轧机的速度和 G 辊道速度的差值和末机架轧机速度的比值。

$$\text{G 辊道滞后率} = f_{gig}(H_{id}) \tag{7-91}$$

式中，$f_{gig}(\ )$ 为对厚度档 G 辊道滞后率的函数。

（3）侧导板开口度：侧导板的作用就是保证带钢能在卷筒上卷的整齐，不左右漂移。

$$\text{侧导板开口度} = B(1 + \alpha T) + f_{so}(W_{id}) \tag{7-92}$$

式中，B 为带钢成品的目标宽度，m；α 为热膨胀系数，1/℃；T 为带钢的卷取设定温度，℃；W_{id}为来料带钢在分类表中的宽度档；$f_{so}(\ )$ 为对宽度档侧导板开口度的函数。

（4）夹送辊超前率的作用和 G 辊道的超前率一样，使带钢进行张力卷取。速度也以末机架速度为基准。

$$\text{夹送辊超前率} = f_{pid}(H_{id}) \tag{7-93}$$

式中，$f_{pid}(\ )$ 为对厚度档夹送辊超前率的函数。

（5）夹送辊开口度：以带钢的成品厚度为主要因数，既保证带钢能顺利通过，又防止带钢上下摆动，使带钢卷取紧密。

$$\text{夹送辊开口度} = \gamma H + \delta \tag{7-94}$$

式中，H 为带钢成品的目标厚度，m；γ 为开度系数；δ 为夹送辊开度放大量。

（6）助卷辊超前率：与其他设备的超前率一样，使带钢头部保持张力卷取。速度也是以末机架速度为基准。

$$\text{助卷辊超前率} = f_{wid}(H_{id}) \tag{7-95}$$

式中，$f_{wid}(\ )$ 为对厚度档助卷辊超前率的函数。

（7）助卷辊开口度：助卷辊的作用是使带钢能在卷筒上进行卷取，卷的紧密而不松弛。

$$\text{助卷辊开口度} = f_{wcoef}(H_{id}) \tag{7-96}$$

式中，$f_{wcoef}(\ )$ 为对厚度档助卷辊开度的函数。

（8）卷筒超前率：与其他的超前率作用一样。

$$\text{卷筒超前率} = f_{mld}(H_{id}) \tag{7-97}$$

式中，$f_{mld}(\ )$ 为对厚度档卷筒超前率的函数。

（9）减速度、减速点：如果带钢尾部以抛钢速度进入卷取机，一方面卷取机不能马上停下来，另外带尾也不容易卷好。通过实践，找出带钢离开助卷辊的最佳卷取速度，按照带钢的成品厚度求出减速度，使带钢尾部由抛钢速度降到最佳速度。减速点是指 G 辊道上某点到夹送辊的距离。以减速度为依据，求出最佳的减速点。

$$减速度 = f_v(H_{id}) \tag{7-98}$$

式中，$f_v()$ 为对厚度档减速度函数，也可以是表格。

$$减速点 = L - \frac{v_r^2 - v_p^2}{2a} \tag{7-99}$$

式中，L 为精轧末机架到夹送辊之间的距离，m；v_r 为带钢离开末机架时带钢的速度，m/s；v_p 为带钢离开夹送辊的速度，m/s；a 为减速度，m/s。

本章小结

层流冷却和卷取是热连轧产线的末端工序，也是热连轧的关键工序，层流冷却控制带钢的卷取温度，其精度直接影响带钢的性能、板形及卷取是否顺利；卷取则是形成最终产品的工序，钢卷的卷形及表面质量至关重要。本章分别从两个工序技术及设备的发展为开端，介绍了系统的基本控制功能、控制方法以及相关的数学模型。仿真平台基于实际生产数据，完成两个工序生产过程控制参数的实时监控，并通过工艺参数和模型系数的修正，实现两个工序控制效果的不断优化。

思 考 题

7-1 热连轧层流冷却装置有什么特点，对传统的层流冷却数学模型，请提出一种改进算法，并描述原理。

7-2 请描述层流冷却反馈控制的原理，请设计一种基于 Smith 预估器的 PID 控制系统实现对这种滞后系统的补偿。

7-3 请任选一种编程语言，实现层流冷却水冷模型的构建。

7-4 请简述卷取张力控制的重要性以及基本控制方法。

7-5 请描述助卷辊 AJC 控制的原理及其实现的关键环节在哪里。

7-6 你认为在卷取工序，最关键的控制功能是什么，就目前卷取区域自动控制系统的发展现状，你认为哪些方面在未来会得到快速提升？

参 考 文 献

［1］教育部办公厅．教育部办公厅关于公布首批“新工科”研究与实践项目的通知：教高厅函〔2018〕17号［Z］.2018.

［2］教育部 工业和信息化部 中国工程院．教育部 工业和信息化部 中国工程院关于加快建设发展新工科实施卓越工程师教育培养计划2.0的意见：教高〔2018〕3号［Z］.2018.

［3］Song Yong，Jing Fengwei. Digital Simulation and Intelligent Design of Hot Rolling Process［M］. 北京：冶金工业出版社，2023.

［4］程健．步进式加热炉钢坯运动控制研究［D］. 合肥：合肥工业大学，2016.

［5］李瑶．步进式加热炉内钢坯传热分析及温度场数值计算［D］. 武汉：华中科技大学，2016.

［6］蔡乔方．加热炉［M］. 北京：冶金工业出版社，1996.

［7］杨静．热连轧轧制过程模型分析与优化［D］. 包头：内蒙古科技大学，2021.

［8］唐谋凤．现代带钢热连轧机的自动化［M］. 北京：冶金工业出版社，1988.

［9］刘玠，孙一康．带钢热连轧计算机控制［M］. 北京：机械工业出版社，1997.

［10］彭力，李擎．热轧带钢轧后层流冷却控制系统［M］. 北京：冶金工业出版社，2009.

［11］刘文仲．我国热轧过程控制计算机系统及数学模型的发展［J］. 冶金自动化，2012，36（4）：1-7.

［12］刘青，刘倩，杨建平，等．炼钢-连铸生产调度的研究进展［J］. 工程科学学报，2020，42（2）：144-153.

［13］陈忠刚．常规连铸连轧生产计划和动态调度［D］. 沈阳：东北大学，2008.

［14］韩大勇．炼钢-连铸生产调度与钢包选配的集成优化研究［D］. 武汉：武汉科技大学，2021.

［15］吴双平．炼钢-连铸区段一体化生产调度的优化研究［D］. 北京：北京科技大学，2021.

［16］覃永国．轧钢加热炉技术现状及发展［J］. 工业炉，2024，46（5）：27-30.

［17］王为晓．步进式加热炉炉温的优化控制方法研究［D］. 大连：大连理工大学，2008.

［18］刘宇佳．基于数据驱动的建模方法仿真研究［D］. 沈阳：东北大学，2009.

［19］肖冬，杨英华，毛志忠．基于改进PCR方法的加热炉钢温预报模型［J］. 信息与控制，2005（3）：340-343.

［20］江瑞宝．工业炉炉内可视化监测及板坯升温过程分析［D］. 武汉：华中科技大学，2006.

［21］王能旺．加热炉温度模糊控制系统的设计与实现［D］. 沈阳：东北大学，2014.

［22］唐炜，唐翔，王文刚，等．热风炉燃烧系统中模糊PID控制的应用［J］. 中国仪器仪表，2013（1）：7.

［23］廖迎新．基于群体搜索策略的热轧加热炉多模型优化控制研究［D］. 长沙：中南大学，2006.

［24］谢家振，俞立勋，杨永红．热轧加热炉炉压控制与燃耗改善技术研究［C］//中国金属学会．第十三届中国钢铁年会论文集——9. 能源、环保与资源利用．宝钢湛江钢铁有限公司热轧厂，2022：7.

［25］乔坤．步进式钢坯加热炉的炉温炉压控制系统设计［D］. 包头：内蒙古科技大学，2012.

［26］张鹏飞．加热炉空燃比寻优及温度控制系统研究［D］. 包头：内蒙古科技大学，2012.

［27］洪博，孙文权，郭德福，等．蓄热式加热炉新燃控制模型研究［J］. 冶金自动化，2018，42（4）：49-53.

［28］王帝杰．板坯热轧过程轧制计划编制和加热制度优化［D］. 北京：北京科技大学，2015.

［29］张国华．粗轧平辊与立辊的微张力控制技术［C］. 中国计量协会冶金分会，《冶金自动化》杂志社．中国计量协会冶金分会2018年会论文集．宁波钢铁有限公司热轧厂，2018：2.

[30] 刘建利．粗轧立辊微张力控制功能研究［J］．科技风，2014（14）：32.
[31] 李冠宇．400 mm 热轧带钢粗轧立辊自动宽度控制系统研究［D］．太原：太原科技大学，2014.
[32] 李华．热连轧带钢立辊宽度控制技术［C］．中国金属学会冶金自动化分会，北方工业大学，北京金属学会，河北省冶金学会，山东金属学会．2008 全国第十三届自动化应用技术学术交流会论文集．中冶赛迪工程技术股份有限公司自动化事业部，2008：3.
[33] 高建军．热轧机电动压下 APC 的控制策略［J］．一重技术，2014（5）：33-35.
[34] 邓健，郭甜．APC 在热连轧粗轧自动压下中的应用［J］．中国新技术新产品，2009（10）：130-131.
[35] 刘国平，曾强，张健民，等．热轧粗轧机组负荷分配的优化算法［J］．河南冶金，2005（1）：14-15，27.
[36] 荆丰伟，宋勇，蔺凤琴，等．宽带钢热轧高精度数学模型介绍［J］．金属世界，2010（5）：28-32，94.
[37] 郭瑞．热连轧粗轧机速度控制的分析与优化［J］．山东冶金，2009，31（6）：58-59.
[38] 张晓琳．热轧带钢粗轧过程控制系统的开发［D］．沈阳：东北大学，2009.
[39] 徐博．本钢 1780 mm 热连轧粗轧机宽度模型［J］．中国金属通报，2018（7）：86.
[40] 杨明华．热连轧精轧机控制功能研究及优化［J］．电子测试，2016（7）：128-129.
[41] 林琳．机架间冷却水控制系统在莱钢的应用［J］．自动化应用，2013（6）：33-35.
[42] 韩欢欢．热连轧液压活套控制系统研究与应用［D］．沈阳：东北大学，2013.
[43] 吴佳怡，曲胜利，黄才铨．宝钢 2030 新增连续退火机组平整机弯辊控制研究［J］．控制工程，2011，18（S1）：146-148.
[44] 李海军．热轧带钢精轧过程控制系统与模型的研究［D］．沈阳：东北大学，2008.
[45] 赵丕凤．带钢精轧机组热轧过程仿真研究［D］．哈尔滨：哈尔滨理工大学，2008.
[46] 连家创，刘宏民．板厚板形控制［M］．北京：兵器工业出版社，1996：58-65.
[47] 高爱军．泰钢热连轧计算机控制系统精轧模型应用研究［D］．济南：山东大学，2005.
[48] 吕代鹏．某热轧厂精轧活套系统多变量解耦模糊 PID 控制方法研究［D］．鞍山：辽宁科技大学，2021.
[49] 姜文杰．带钢精轧机组热轧过程数学模型及仿真研究［D］．哈尔滨：哈尔滨理工大学，2007.
[50] 马占福．热连轧板形控制模型优化与应用研究［D］．西安：西安建筑科技大学，2011.
[51] 董志坤．加权多模型控制在中厚板层流冷却中的应用［D］．上海：上海交通大学，2009.
[52] 郑会平．热轧带钢层流冷却过程的建模与仿真研究［D］．沈阳：东北大学，2008.
[53] 赵其德．带钢层流冷却装置［J］．一重技术，1995（3）：95-100.
[54] OHTOMO A，TAKATUKA K，TAKAHASHI I. Development of direct quenching method for steel plates［J］. Tetsu-to-Hagane，1988，74（1）：99-106.
[55] INOUE N，KIGAWA Y，SHIBATA Z，et al. New coiling temperature control technology for hot strip mill［J］. Kobelco Technol. Rev，1992（15）：36-40.
[56] 李双宏．热轧带钢层流冷却温度建模与控制研究［D］．武汉：华中科技大学，2015.
[57] 陈启发．层流冷却控制 PID 参数整定与滑模控制器设计［D］．沈阳：东北大学，2011.
[58] 刘恩洋．热轧带钢层流冷却控制系统的开发与应用［D］．沈阳：东北大学，2009.
[59] 许峰．热连轧板带钢层流冷却控制系统的研究与应用［D］．沈阳：东北大学，2014.
[60] 洪泽英．层流冷却数学模型在鞍钢中板线生产中应用［C］．中国金属学会．2018 年全国轧钢生产技术会议论文集，2018.
[61] 曹紫岩．热连轧卷取机虚拟仿真系统的研究与设计［D］．鞍山：辽宁科技大学，2018.

［62］解代军．热轧带钢卷取机的卷取控制方法及其发展［J］．河北冶金，2012（3）：61-63.
［63］陈跃华．冷连轧卷取机恒张力控制技术［J］．冶金自动化，2013，37（1）：33-38.
［64］马东昊．薄膜滑移和屈曲特性及收卷张力优化研究［D］．西安：西安理工大学，2024.
［65］宋少杰．冷轧卷取机张力控制系统研究［D］．沈阳：东北大学，2017.
［66］王正坤，何茂松．卷取机 AJC 踏步控制［J］．科技与创新，2015（7）：13-14.
［67］张波，赵文承，邢翠生．卷取机张力控制模型的设计与实现［C］//自动化技术与冶金流程节能减排——全国冶金自动化信息网 2008 年会论文集，2008：88-91.